수학의 눈으로 보면
다른 세상이 열린다

지혜와
교양

17

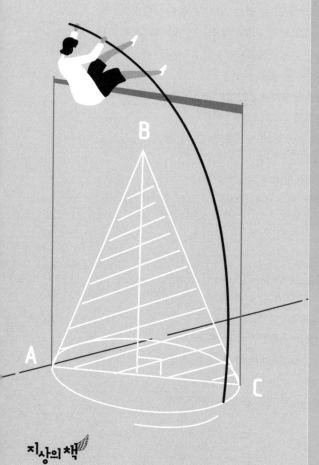

수학의 눈으로 보면

영화와 소설,
역사와 철학을
가로지르는
수학적 사고법

다른 세상이 열린다

나동혁 지음

지상의 책

수학으로 알게 된 것들

학원에서 10년 넘게 수학을 가르쳤다. 보통 강의 방식은 크게 내신, 수능, 논술 세 가지 카테고리에 따라 달라진다. 이 가운데 수리논술을 가장 오래, 그리고 가장 많이 가르쳤다. 입시의 세계를 잘 모르는 사람들은 수리논술을 가르친다는 말을 들으면 모두 비슷한 질문을 던진다. "수학 시험에 무슨 논술이 있어요?" 사람들에게는 수학과 논술이라는 단어의 조합이 무척 생소한 모양이다.

하긴 나도 수리논술 답안 첨삭 알바로 학원일을 시작했을 때 똑같은 생각을 했다. 대체 수학 시험을 어떻게 논술 형식으로 치른다는 건지 이해가 가지 않았다. 처음 논술 첨삭 알바를 구한다는 말을 듣고 면접을 보러 갔을 때, 당연히 언어논술을 의미하는 줄 알았다. 그런데 전공을 살려 수리논술을 가르쳐볼 생각이 없냐는 제안을 받았다. 그렇게 내 의도와 무관하게 수학강사로서의 인생이 시작됐다.

처음 대학입시에 수리논술이 도입됐을 때, 모든 대학이 통합적 지식인이 필요하다는 취지를 빼놓지 않았다. 그 목적을 살린다며 문이과 통합형 문제가 등장했다. 사회문제와 관련된 지문을 주고 그 안에서 언어논술과 수리논술 문제를 같이 내는 사례가 많았다. 그러다 보니 수학 문제인지 아닌지 아리송한 경우도 있었다. 무엇보다 난감한 일은 채점 과정에서 점수를 어떻게 표준화하느냐는 것이었다. 결국 통합형 문제는 온갖 문제 제기에 시달리다가 몇 년 되지 않아 대부분 사라졌다.

종종 학생들은 예상하지 못한 반응으로 날 놀라게 한다. 안건이 가결 또는 부결되기 위한 수학적 조건을 묻는 문제였는데 학생 한 명이 부결의 뜻이 뭐냐고 물어서 어안이 벙벙해진 적이 있다. 어떤 학생은 무기재료공학과가 전쟁무기를 다루는 학과냐고 묻기도 했다.

누구나 쉽게 말한다. 앞으로 다가올 미래사회의 인재라면 문과와 이과의 계열 구분 없이 통합적 지식인이 돼야 한다고. 그런데 도대체 통합적 지식인을 양성하는 교육이란 뭘까? 모든 학생들에게 부결의 의미를 깨닫게 하고, 무기물과 유기물을 구분할 줄 알게 하면 되는 걸까? 이런 식의 해법은 모두가 염려하듯 학습해야 할 교과목의 숫자만 늘리는 꼴 아닐까?

수학 교양서를 읽어보면 도입부에 빠지지 않는 이야기가 있다. 세상에서 수학만큼 중요한 학문이 없고 그래서 누구나 수학을 공부해야 한다고 말이다. 첨단 과학기술 사회를 살아가는 현대인에게 약간의 수학 지식은 필수고, 논리적 사고력을 배양하는 데도 수학만 한 과목이 없다고 말한다. 책에 등장하는 수학 지식의 수준은 누구나 읽을 수 있을 만큼 어렵지 않다는 말도 살짝 덧붙인다.

그런데 수학 교양서를 여럿 읽어봤지만 수학을 배우면 어떻게 논리적 사고가 성장하고 통합적 지식인이 될 수 있는지 속 시원하게 설명해주는 책은 찾기 어려웠다. 심지어 대학 수학을 알지 못하면 책장을 넘길 수 없는 책도 제법 있었다.

나 또한 직업으로 수학강사를 한다는 것만으론 허전하다는 느낌을 지울 수 없었다. 수학을 좋아했고 수학을 전공했고 수학으로 먹고살게 됐으니 나름 스트레스 없는 삶이었는데도 수학으로 뭔가 더 재미있는 일을 하고 싶었다. 수학을 매개로 세상에 말을 거는 실험 같은 것을 해보고 싶었다. 그래서 글을 쓰게 됐다. 블로그에 한 편, 두 편 연재하던 글로 출판 제의를 받았고 절반 정도는 출판을 결심한 상태에서 썼다. 이 책을 쓰는 데 수학강사로서의 경험이 크게 작용했다. 수업준비를 하면서 좀 더 재미있고 효과적으로 내용을 전달하려고 이야기를 찾아내고 연결고리를 만들었던 과정이 다양한 아이디어를 제공해주었다.

다시 처음 질문으로 돌아가보자. 대체 미래사회 인재에게 꼭 필요하다고 말하는 수학적 태도란 뭘까? 고대 그리스에서 처음 체계적인 학문으로 자리 잡았을 때 수학은 단지 문제를 풀기 위한 도구가 아니라, 진리를 인식하고 토론을 바른 길로 인도하는 가장 강력한 수단이었다. 공리-정의-증명-정리로 이어지는 논리적 엄밀성, 연역과 귀납이라는 논리구조, 구체에서 추상으로 나아가는 일반화 과정, 수량화와 정량분석, 표와 그래프 등의 자료분석과 시각화 능력, 변수 설정에 기반을 둔 함수와 방정식 모델링 등 여러 가지 능력이 수학적 태도 안에 포함될 수 있다.

법과 제도를 설계할 때는 언어를 엄밀하게 사용해야 하고, 내적 정합성을 확보하는 데도 수학적 태도를 견지해야 한다. 수량화와 정량분석

수학의 눈으로 보면 다른 세상이 열린다

은 온갖 사회현상을 분석할 때는 물론 회사나 조직을 운영할 때도 필수 불가결한 요소다. 여러 사람이 협업을 하는 과정에서도 수학적 태도를 갖추고 있으면 다양한 능력을 발휘할 수 있다. 수학적 태도는 여러 방식으로 구현 가능하다. 하지만 역시 개인의 고유한 가치관과 어떤 식으로 결합되느냐에 따라 수학적 태도란 것도 전혀 다르게 적용될 수 있다.

이 책에서는 수학 그 자체가 아니라 수학적 태도가 무엇인지를 이야기하고 싶었다. 영화와 소설, 역사와 철학 등 다양한 텍스트를 분석하거나 사회문제를 이해할 때 수학적 관점이 첨가되면 어떻게 이야기가 풍부해질 수 있는지 보여주고 싶었다. 수학적 태도를 다양한 방식으로 고민해본 학생이 당연히 수학에 더 많은 흥미와 관심을 가지리라 생각한다. 적어도 수학이 사회와 어떻게 만나는지 이해한다면 왜 수학을 공부해야 하느냐는 질문은 더 이상 하지 않을 것이다.

덧붙여 수학사에 관심을 가지면 교과서의 맥락을 파악하는 데도 크게 도움이 된다. 어떤 과정을 거쳐서 자리 잡은 개념인지, 그 개념을 배우면 어디에 써먹을 수 있는지 알게 되면 수학 공부에도 한층 흥미가 생긴다. 수학의 역사는 대체로 교과과정 순서와도 잘 대응되기 때문에 여러모로 수학 공부에 도움을 주리라 생각한다.

아무쪼록 이 부족한 책이 또 다른 도전을 인도하는 지도가 돼준다면 그만한 보람이 없으리라. 호기심으로 시작했던 글이 책이 돼 나오기까지 3년이 넘는 시간이 걸렸다. 끊임없이 영감을 주고, 포기하지 않도록 용기를 주고, 보잘것없는 글을 읽고 한마디라도 얹어준 모든 분에게 감사드린다.

공리를 둘러싼 논쟁은 거짓을 몰아내고 진리를 획득하는 일이라기보다는,
인식의 지평을 넓혀가는 과정에 가깝다.

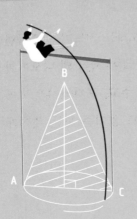

1

·

수학의 출발점으로
날아간 로봇

〈월-E〉

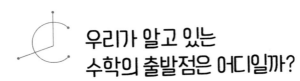

우리가 알고 있는
수학의 출발점은 어디일까?

〈월-E〉는 아카데미 장편 애니메이션상을 수상했고 BBC가 선정한 21세기 최고의 영화 100선 중 29위에 올랐다. 픽사 영화가 높게 평가받는 이유 중 하나는 수준 높은 언어유희 때문이다. 특히 〈월-E〉는 과학적 사고를 바탕으로 흥미로운 스토리를 구사하고 유머까지 곁들였다. 3D 영화의 기술력이 업데이트될 때마다 반응은 대체로 둘로 나뉜다. 현실보다 더 현실 같은 표현력에 놀라는 사람이 있는 반면, 현실과 비현실의 경계를 모호하게 만드는 이 기술적 진보 앞에 불편함을 표현하는 사람이 있다.

로봇 월-E가 거대 우주선 엑시엄axiom을 처음 만나는 순간, 클로즈업되며 드러나는 우주선의 위용이 스크린을 압도하던 장면에서 나는 "아!" 하고 가볍게 감탄사를 내뱉었다. 그리고는 극장이라는 사실을 잊고 우주선의 이름을 작게 소리 내 불렀다. "엑시엄!"

〈월-E〉는 믿고 보는 픽사가 제작한 3D 애니메이션이다. 로봇 이름 월-E, 즉 WALL-E는 Waste Allocation Load Lifter Earth를 줄인 것이다. 지구 쓰레기 처리 로봇 정도로 의역할 수 있는데, 바로 이 로봇이

수학의 눈으로 보면 다른 세상이 열린다

영화의 주인공이다.

미래의 어느 날 인류는 넘쳐나는 쓰레기를 감당하지 못하고 거대한 우주선 엑시엄호를 타고 지구를 떠난다. 그로부터 700년 후 지구엔 여전히 쓰레기뿐이고 생명체(유기체)는 보이지 않는다. 동네 마트에서 쉽게 구입할 수 있었던 양산형 로봇 월-E 역시 작동을 멈춘 채 고철 더미 속에서 녹슬어간다. 영화는 절망적인 상황에서 시작한다.

황무지 같은 쓰레기 벌판에 정적이 깨진다. 생명체 아닌 생명체, 유일하게 작동을 멈추지 않은 한 월-E가 등장한다. 고유명사 월-E는 이미 죽어버린, 즉 고철이 돼버린 보통명사 월-E들로부터 필요한 부품을 얻고 태양열 발전으로 에너지를 얻으면서 지속적으로 '작동'한다. 심지어 음악을 듣고, 영화를 보고, 바퀴벌레를 키운다. 쓰레기를 치우다 맘에 드는 물건이 있으면 수집하기도 한다. 뇌가 없으나 두뇌활동을 하고, 심장이 없으나 감정을 느낀다. 요컨대 이 월-E는 작동하는 기계가 아니라 '생명체'로 '살고' 있다. 인간이 사라진 지구에서 가장 고전적인 인간의 모습으로.

그러던 어느 하루 월-E는 쓰레기 더미 가운데 자라난 새싹을 발견하게 되고 거의 동시에 어디선가 이브EVE라는 로봇이 날아온다. 이브는 엑시엄이 보낸 식물 탐사로봇이다. 식물이 산다는 것은 지구가 생명체가 살 수 있는 상태로 회복됐다는 의미이므로 식물이 발견되면 엑시엄호는 그 즉시 지구로 귀환하게 만들어졌다. 지구를 떠난 사람들이 후대를 위해 설정해둔 프로그램이었다.

영화 후반부는 엑시엄호가 지구로 돌아오는 과정에서 겪는 우여곡절을 다룬다. 〈월-E〉의 메시지는 비교적 분명하다. 대량소비로 인한 환경파괴와 인간성 상실에 대한 경고이다. 로봇이 휴머니즘을 가장 진득하게 체화하고 있는 비관적 상황에서도 끝내 재앙을 극복하리라는 헐리우드의 긍정은 여전하다. 가족영화로 분류해도 손색없을 정도로 아이들이 좋아할 것 같은데 평론가와 관객 모두에게 높은 점수를 받은 건 픽사 애니메이션 특유의 창의력과 유머, 그리고 캐릭터가 지닌 생명력 때문일 것이다.

공리, 증명하지 않고 참으로 받아들이는 명제 ━━━

엑시엄은 수학용어로 공리를 뜻한다. 엑시엄axiom의 어원은 그리스어 단어인 axioma에서 왔으며 '그 자체로 명백한 진리'라는 의미를 가지고 있다. 수학에서 공리는 증명하지 않고 참으로 받아들이는 명제를 뜻한다.

'무엇이 어디서부터, 어떻게 시작되었는가'라는 질문은 모든 학문에서 근본적인 문제를 건드린다. 물질은 무엇으로 이뤄져 있나? 우주는, 또 지구는 언제 어떻게 생겨났나? 인류는 언제 출연했나? 등과 같은 질문에 대한 답은 종종 한 분야의 학문구조를 변화시킨다.

예를 들어 생물학에서 진화론은 완전한 패러다임의 변화를 의미했다. 지동설에 버금가는 발상의 전환이었다. 찰스 다윈이 《종의 기원》에서 진화론을 처음 발표했을 당시에는 다수가 그에게 적대적인 태도를 보였다. 기독교 중심의 세계에서 창조론에 대한 부정이 가져올 파장은 엄청났다. 여전히 종교적 믿음이 강하게 남아 있던 다수의 사람들이 하나의 세계가 끝장날지도 모른다는 위기의식을 느끼기에 충분했을 것이다. 고정관념을 근본적으로 뒤흔드는 수학이나 과학 이론이 나올 때마다 이전 질서를 유지하고 싶은 사람들은 비슷한 반응을 보였다. 수학이나 과학 지식은 그것이 통용되는 시대의 정신과 맞물려 있다. 한쪽에서 기본이 흔들리면 다른 쪽도 흔들린다.

오늘날 자연선택과 돌연변이에 의해 종이 끊임없이 변화한다는 이론은 상식이 됐다. 그러나 우리는 여전히 최초 생명체가 어디서, 어떻게 시작됐는지 알지 못한다. 이 답을 찾아낼 수 있을지는 모르겠는데 그렇게 된다면 또 한번 엄청난 지식체계의 변동이 잇따를 것이다.

사람들이 알고 있는 수학 지식의 출발점은 어디일까? 이 역시 수학에서 본질적인 물음 가운데 하나다. 수학 세계에서 참으로 증명된 문장을 정리theorem라고 한다. 하나의 정리는 또 다른 정리를 사용해서 증명한다. A를 설명하기 위해서는 B가 필요하다. B가 참이라는 것을 설명하려면 C가 필요하다. C를 위해서는 D가…. 이렇게 거슬러 올라가면 논리의 끝엔 무엇이 있을까?

유클리드의 《원론》이
성경 다음으로 많이 읽힌 이유

수학은 사람이 만든 인위적인 논리체계이기 때문에 명확하게 논리의 출발점이 존재한다. 달리기를 하듯 선을 긋고 여기가 출발점이라고 선언하면 된다. 논리의 피라미드 제일 꼭대기에 있는 문장으로, 증명 없이 참으로 받아들이기로 한 명제, 그게 공리다. 증명한 게 아니다. 증명할 수 없으니 참으로 받아들이자고 약속한 것이다. 여기서부터 출발하자고 그어놓은 선이 바로 공리다.

고대 그리스 수학을 집대성한 유클리드는 저서 《원론》에서 처음으로 5개의 공리와 5개의 공준을 정하고 이로부터 당시까지 알려진 모든 수학적 사실을 일목요연하게 재배치했다. 공리는 수학 일반에서 대전제를 의미하며, 공준은 기하학에서 대전제를 의미한다. 당시에는 공리와 공준을 구분하기 위해 다른 단어를 선택했으나 훗날 모두 공리라는 용어로 불리게 된다.

유클리드의 그리스어 이름은 에우클레이데스이며 《원론》 역시 영어식 번역을 옮긴 말로 원제목은 《스토이케이아》이다. 그리스어로 세상을 구성하는 기본 요소라는 의미를 담고 있다. 당시 그리스 시대에는 만

수학의 눈으로 보면 다른 세상이 열린다

물이 무엇으로 이뤄져 있는가를 두고 치열하게 싸웠다. 그 결과 물, 불, 흙, 공기라는 4원소 체계가 자리를 잡는데 이 와중에 책 제목을 '원론'이라고 지은 것은 엄청난 자신감의 발로일 것이다. 피타고라스가 '만물은 수로 이뤄져 있다'고 말한 것도 같은 맥락이다.

수학에서는 참, 거짓을 판단할 수 있는 문장과 별개로 그 의미를 약속으로 미리 정한 것을 정의definition라고 한다. 정의는 단지 약속이므로 참, 거짓을 판단하지 않는다. 유클리드는 우선 기본적인 용어를 정의하면서 서술을 시작한다. 《원론》의 첫 문장은 다음과 같다.

점은 쪼갤 수 없는 것이다.

더 이상 쪼갤 수 없는 기하학적 최소단위를 '점'이라고 부르기로 약속한 것이다. 이어서 '선'과 '면'을 비롯한 기본용어 23가지에 대한 정의가 이어진다. 다음으로 5개의 공리와 5개의 공준이 등장한다. 그 내용은 다음과 같다.

공리

1. 같은 것과 같은 것들은 서로 같다.

2. 같은 것들에 같은 것을 더하면 그 합은 서로 같다.

3. 같은 것들에서 같은 것을 빼면 그 차는 서로 같다.

4. 서로 포개어지는 것들은 서로 같다.

5. 전체는 부분보다 크다.

공준

1. 임의의 서로 다른 두 점은 직선으로 연결할 수 있다.

2. 직선은 무한히 연장할 수 있다.

3. 임의의 점을 중심으로 하고 임의의 길이를 반지름으로 하는 원을 그릴 수 있다.

4. 모든 직각은 서로 같다.

5. 한 평면 위의 한 직선이 그 평면 위의 두 직선과 만날 때 동측내각의 합이 2직각보다 작으면 이 두 직선은 그쪽에서 만난다(쉽게 설명하면, 평행선은 영원히 만나지 않는다).

《원론》의 첫 번째 문제 ━━━

공리를 읽으면서 어떤 느낌을 받았을지 궁금하다. 별걸 다 규정한다고 불만이 생길 수도 있고 너무 당연해서 시시하다는 느낌이 들 수도 있다. 같은 것끼리 같다니, 무슨 말장난인가? 공준으로 넘어와도 여전히 비슷한 인상이다. 임의의 서로 다른 두 점을 직선으로 연결할 수 있다는 건 굳이 설명하지 않아도 직관적으로 누구나 알 수 있다. 5번 공준 정도 돼야 '이제 본격적인 수학이 시작되는가 보네. 슬슬 외계어처럼 들리는데.' 하는 생각이 들 것이다. 감을 잡기 위해 문제를 하나 풀어보자.

어떤 길이의 선분으로 정삼각형을 만들어라.

수학의 눈으로 보면 다른 세상이 열린다

《원론》의 첫 번째 문제다. 단 눈금 없는 자와 컴퍼스만을 이용해야 한다. 왜 그런지는 뒤에서 설명할 테니 일단 한번 시도해보자. 풀이 과정을 그림으로 요약하면 다음과 같다.

1. 먼저 아무 곳에나 두 점 A, B를 찍고 연결해서 선분을 그린다.

2. 점 A를 중심으로 하고 선분 AB의 길이를 반지름으로 하는 원을 그린다.

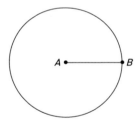

3. 이번에는 점 B를 중심으로 하고 선분 AB의 길이를 반지름으로 하는 원을 그린다.

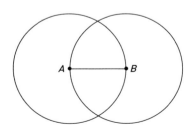

4. 두 원의 교점을 C라 하고 A와 C를 잇고, B와 C를 이어 삼각형을 만든다.

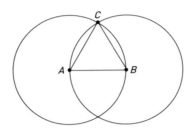

이제 각 단계를 《원론》의 구성에 맞춰 분석해보자.

1단계에서는 두 점을 지나는 선분을 그렸다. 1번 공준을 사용했다.

2단계에서는 원을 그렸다. 3번 공준을 사용했다. 3단계도 마찬가지다.

4단계와 연관 있는 원의 정의는 23가지 정의 중 15번에 나온다. "원이란 그 도형의 내부에 있는 한 정점으로부터 곡선에 이르는 거리가 똑같은 하나의 곡선에 의해 둘러싸인 평면도형이다." 따라서 선분 AB와 선분 AC는 길이가 같다. 마찬가지 이유로 선분 AB와 선분 BC의 길이도 같다. 이제 공리 1번에 의해 같은 것끼리는 같으니, 선분 AC와 선분 BC도 같다. 따라서 삼각형 ABC는 정삼각형이다.

아, 깜빡! 삼각형의 정의는 23가지 정의 중 19번에, 정삼각형의 정의는 20번에 나온다. 이 정의에 따르면 세 개의 직선으로 둘러싸인 도형이 삼각형이고 그중 세 변의 길이가 같은 도형이 정삼각형이다. 아차차차. 직선의 정의는 4번에, 도형의 정의는 14번에, 원의 중심의 정의는 16번에…. 짜증날 수도 있으니 그만하자.

수학의 눈으로 보면 다른 세상이 열린다

공리와 공준은 인간이 만들었다 _____

조금 전 내용을 수학에서 흔히 사용하는 문장으로 정리하면 다음과 같다.

임의의 길이를 선분으로 하는 정삼각형을 그릴 수 있다.

앞서 이야기했듯 증명을 통해 참으로 밝혀진 명제를 '정리'라고 한다. 수학의 지식체계에서는 새로운 정리를 증명할 때는 공리, 공준, 정의와 이미 알아낸 정리를 사용해야 한다. 이 순서를 뒤섞으면 순환논법의 오류가 발생한다.

유클리드는 피라미드 꼭대기에 공리를 놓고 거기서부터 출발해 그때까지 알려진 거의 모든 수학 지식을 체계적으로 정리했다. 기념비적인 성실함이다. 책 내용 중 유클리드 자신의 이름으로 된 정리는 없다. 언제나 한 시대를 풍미한 백과사전적 지식인이 있기 마련이다. 고대 그리스 시대 최고의 수학자는 아르키메데스지만 수학의 언어체계를 세운 건 유클리드다. 근대 이전의 모든 기하학을 통틀어 흔히 유클리드 기하학이라고 부른다. 사람은 머리가 좋지 않으면 손발이라도 부지런해야 한다. 그러면 역사에 이름을 남길 수 있다.

알다시피 공리와 공준은 인간이 만든 것이다. 근본을 찾아가다 보니 그 시작점에 공리가 있었다는 말은 정확하지 않다. 시작점이 필요했고, 공리에 적합한 문장을 찾아서 배치한 것이기 때문이다. 논리의 출발점은 자명自明한 문장이어야 누구도 토를 달지 않는다. 공리나 공준이 너무 뻔한 말처럼 들리는 게 당연하다. 증명도 없이 참으로 받아들이자는데 이견이 있으면 곤란하다. 수많은 정리들이 아주 간단한 원리 몇 개로 모두 설명이 된다는 점에 공리체계의 매력이 있으니 말이다. 그런데 수학에서는 뻔할수록 증명하기가 쉽지 않다. 꼭 수학만 그렇겠는가. 너무 당연한 것을 증명하라고 하면 힘든 법이다.

유클리드도 5번 공준에 대해서는 증명을 시도했다고 한다. 다른 공리나 공준에 비해 딱 봐도 문장이 복잡하니 맘에 안 들었을 것이다. 공리나 공준은 간명해야 한다. 하지만 끝내 증명이 되지 않아 공준으로 설정해야만 한다는 결론에 이르렀다.

수학은 고도의 논리학이다 ━━━

이집트나 메소포타미아에서도 수학은 부분적으로 발전했다. 고대 그리스와 비슷한 시기 중국에서도 제법 높은 수준의 수학 지식이 사용됐다. 어떤 내용은 그리스보다 앞선 것도 있었다. 그러나 그들의 지식은 학문으로 정립되지 못했다. 그것은 차라리 측량에 가까웠다. 수학은 측량을 위한 보조도구에 불과했다.

높이가 같은 원뿔과 원기둥의 부피비가 왜 1 : 3이냐고 물으면 이집트인이나 메소포타미아인은 실제로 원뿔과 원기둥 모양의 그릇을 만들어 부피를 측정했을 것이다. 원뿔에 물을 가득 담아 원기둥에 부었더니 세 번 만에 꽉 차더라는 식이다. 이집트라면 원뿔에 모래를 채웠을 가능성이 높다. 원주율 π의 근삿값도 일정치 않았다. 3.1이라고 쓰기도 했고 3.2라고 쓰기도 했다. 측량 결과에 따라 적당한 근삿값을 사용한 것이다.

그러나 그리스는 그렇게 하지 않았다. 그리스는 논리를 사용했다. 공리와 공준을 설정하고 개념을 설명할 때는 명확히 정의된 용어만 썼다. 공리, 공준, 정의로부터 논리적 인과관계를 통해 증명된 명제만을 참으로 인정했다. 민주주의가 논리로 상대를 설득하는 것처럼 그들은 수학적 사실을 논리로 증명했다. 고대 그리스에 와서야 비로소 수학은 독자적인 학문이 됐다. 그들에게 측량은 아무런 의미가 없었다. 부피비가 정확히 2.999배인지 혹은 3.001배인지 심지어 3.0000000000001배인지는 측량으로 알아낼 수 없다. 경험은 항상 미세한 차이를 유발한다. 2.999배 혹은 3.001배라는 답에는 기술적인 정교함의 차이만 있을 뿐이다.

그리스인들이 도형을 연구할 때, 눈금 없는 자와 컴퍼스만을 이용한 작도를 고집한 이유가 여기에 있다. 측량은 부정확하다. 자로 길이를 재면서 누구도 $\sqrt{2}$ 와 같은 무리수를 사용하지 않는다. 하지만 분명 $\sqrt{2}$ 는 존재한다. 측량의 정확성이 논리적 완전함을 보장해주지 않는 것이다. 앞서 《원론》에 등장했던 삼각형 작도법을 생각해보자. 길이가 같은 삼각형을 만들기 위해 필요한 건 눈금 있는 자가 아니라 '한 점으로부터 같은 거리에 있는 점들의 집합이 원'이라는 수학적 사실이다.

이러한 집요함 덕분에 그리스 수학은 보편성을 획득했다. 그리스의 수학 지식은 여러 문명으로부터 흘러들어왔다. 초기 그리스 사람들은 높은 수학 지식을 습득하기 위해 이집트로 유학을 갔다. 그러나 결국 우리에게 익숙한 프레임을 만들어낸 건 그리스였다. 오늘날 전 세계 거의 모든 수학책은 고대 그리스 시대에 정립된 언어체계를 따라간다.

교과과정상 중학교에서 배우는 기하학(도형)은 그리스 기하학이라 불러도 무방하다.

그리스 수학은 고도의 논리학이다. 동시에 고도의 형이상학이기도 하다. 현실에서는 어떠한 점을 그려도 면적이 있다. 더 이상 쪼갤 수 없는, 즉 길이도 면적도 없는 존재로서의 점은 현실에 없다. 완벽하고 이상적인 개념은 오직 우리 머릿속에만 있다. 왜 플라톤이 수학을 못 하면 아카데미아에 들어오지 말라고 했겠나. 철학도 수학처럼 해야 논리적으로 완벽하다고 생각했기 때문이다.

《원론》은 단순한 수학책이 아니라 고대 그리스의 시대정신을 종합한 저서이다. 그리스 정신이 르네상스에서 부활해 근대에까지 영향을 미쳤듯이 그리스 수학은 오랫동안 서양세계를 지배했다. 《원론》은 2000년간 유럽에서 수학 교과서로 쓰였으며(물론 중세시대에 단절이 있긴 했지만) 성경 다음으로 많이 읽힌 책이다. 《원론》은 알렉산드로스 대왕의 후계자 프톨레마이오스 1세부터 중세 후반의 스콜라학파를 거쳐 데카르트, 뉴턴, 칸트에 이르기까지 수많은 거인들에게 끊임없는 영감을 불러일으켰다.

수학의 눈으로 보면 다른 세상이 열린다

하나의 세계가 종말을 고한 곳에서
새로운 세계가 시작된다

인류 역사상 종교(신)는 가장 오래 공리의 역할을 했다. 그러다가 왕이 그 자리를 잠깐 차지했고 뒤이어 이성과 법률이 그 자리를 점했다. 선험적 진리(공리)를 전제로 모든 사회구조와 체계를 배치했다는 점에서 인류의 역사는 공리체계를 정교하게 다듬어온 과정이라고도 할 수 있다. 적어도 19세기 전까지 공리체계는 매우 공고하게 유지됐다.

알고 보면 근대 국민국가는 공리체계와 동일한 구조로 구성됐다. 나폴레옹 법전에 기초한 현대적 법체계는 대부분 공리체계와 동일한 구조를 갖는다. 데카르트의 《방법서설》, 스피노자의 《에티카》, 뉴턴의 《자연철학의 수학적 원리》는 물론 미국 독립선언문에 이르기까지 근대를 열었던 수많은 책과 문서들이 《원론》의 형식과 닮아 있다. 책의 내용이 세계를 구성하는 기본 원리가 될 것이라는 자부심 혹은 권력의지에서 비롯된 자연스런 귀결이다. 국가는 시민들의 자발적 동의, 즉 계약에 기초해 있다는 근대국가론에서는 모두가 동의할 수 있는 국가의 존재 이유를 설정하는 일이 가장 중요하기 때문이기도 하다.

한 예로 미국 독립선언문은 다음 문장으로 시작한다.

다음과 같은 사실을 자명한 진리로 받아들인다. 즉, 모든 사람은 평등하게 태어났고, 창조주는 몇 개의 양도할 수 없는 권리를 부여했으며, 그 권리 중에는 생명과 자유와 행복의 추구가 있다. 이 권리를 확보하기 위해 인류는 정부를 조직했으며, 이 정부의 정당한 권력은 인민의 동의로부터 유래하고 있는 것이다. 또 어떤 형태의 정부이든 이러한 목적을 파괴할 때에는 언제든지 정부를 개혁하거나 폐지해 인민의 안전과 행복을 가장 효과적으로 가져올 수 있는, 그러한 원칙에 기초를 두고 그러한 형태로 기구를 갖춘 새로운 정부를 조직하는 것은 인민의 권리인 것이다.

미국 독립선언문에 따르면 모든 사람은 평등하게 태어났다. 독립선언문은 이 공리(자명한 진리)에 기초해 영국정부의 행동이 왜 잘못된 것인지 마치 수학 문제를 증명하듯 설명하다가 미국의 독립은 정당하다는 결론으로 마무리된다. 이성의 궁극적 승리는 현대 국민국가로 완성되는 듯했다.

대한민국은 민주 공화국이다. 대한민국의 주권은 국민에게 있고, 모든 권력은 국민으로부터 나온다.

대한민국 헌법 제1조다. 가깝게는 박근혜 전 대통령 탄핵과 수감에 이르기까지, 이 문장이 공리의 격을 갖추기 위해 얼마나 험난한 역사를 지나왔는지 생각해보자. 공리란 그런 것이다. 사람들이 합의해서 만들어낸 것이지만 그 무게는 어느 한순간에 저절로 생겨나지 않는다.

공리는 언제나 완전무결한가? ———

　공리는 처음부터 공리로서 대접을 받은 게 아니라, 지식체계가 어느 정도 완결성을 갖추었을 때 비로소 공리 대접을 받았다. 그 이후로 2000년 동안 쌓아온 수학 지식체계는 매우 촘촘하고 강력했다. 하지만 공리도 사람이 만든 것이라 불완전했다. 19세기 들어 공리체계 자체가 가진 허점들이 드러났고 이에 대한 회의, 보완, 재정의 등이 잇따랐다. 공리라는 것이 허구가 아닌지 의심하는 사람도 나타났다. 공리도 인간이 만든 것인 만큼 완벽할 수 없는데 논리적인 모순까지 드러났으니 공리에 기초한 체계를 인정할 수 없다는 주장까지 나왔다. 적당히 리모델링해서 고쳐 쓰자는 사람이 있는가 하면 전면적으로 집을 허물고 다시 짓자는 사람이 있었다. 예를 들어보자.

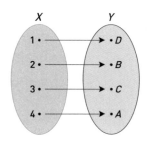

● 유한집합에서 일대일 대응 ●

　집합과 집합의 대응관계를 함수라고 한다. 위 그림처럼 두 집합의 원소가 하나씩 연결돼 있고 Y에 선택받지 못하고 홀로 남는 원소가 없으면 일대일 대응 함수라고 부른다. 일대일 대응은 두 집합 X, Y의 원소 개수가 4개로 같기 때문에 가능한 일이다.

● 무한집합에서 일대일 대응 ●

이번에는 다른 예를 들어보자. 자연수의 집합과 짝수의 집합이 있다. 자연수에 두 배를 해서 짝수와 연결시켜보자. 이 경우에도 두 집합은 일대일 대응을 이룬다. 직관적으로 생각하면 자연수가 짝수보다 두 배 많을 거 같지만 일대일 대응이기 때문에 아무래도 이상하다. 그렇다면 두 집합의 크기를 같다고 해야 할까? 이 경우에도 역시 찜찜한 건 매한가지다. 짝수의 집합은 자연수의 집합의 부분집합인데 어떻게 부분이 전체와 같을 수 있단 말인가?

무한대(∞)는 숫자가 아니라 상태를 나타내기 때문에 구체적인 연산이나 대소 비교를 하지 않는다. 따라서 무한집합의 크기를 비교하려면 새로운 개념이 필요하다. 수학자 칸토르는 자연수, 정수, 유리수, 실수 등 무한집합이라고 해도 그 크기가 모두 같지는 않을 것이라고 생각했다. 이를 어떻게 비교할까 고민하다가 함수의 개념(일대일 대응)을 활용해서 무한집합의 크기를 나타내는 용어인 카디널리티cardinality를 정의했다. 이 용어는 번역이 쉽지 않은데 말하자면 크기보다는 농도 개념

수학의 눈으로 보면 다른 세상이 열린다

에 더 가깝다. 이에 따르면 무한집합에서는 부분이 전체와 크기가 같을 수도 있다.

전체는 부분보다 크다.

유클리드의 5번 공리다. 칸토르가 무한집합의 크기 개념을 들고 나왔을 때 수학자들마저도 다 말도 안 된다고 했다. 유클리드 5번 공리와 정면으로 충돌하기 때문이다. 그런데 일대일 대응을 이루는 자연수와 짝수의 집합을 보면 크기가 같다는 말이 그럴듯하게 들리기도 한다. 모두가 사이좋게 짝이 있으니 말이다.

수학은 종종 현실 감각과 동떨어진 세계를 다룬다. 4차원 이상의 세계를 다루기도 하고, 무한의 속성을 연구하기도 한다. 이런 경우 수학의 세계는 직관적으로 와닿지 않는 때가 많다. 현실에 존재하느냐 그렇지 않느냐와 무관하게 수학은 그 내부에 논리적 모순이 없으면 계속 고민을 밀고 나간다. 그렇게 새롭게 만들어낸 체계가 의도치 않게 풀리지 않던 문제를 해결하거나, 이미 풀렸던 문제를 더 효과적으로 풀기도 한다.

그런데 새롭게 도입한 개념이 기존에 구축된 지식과 충돌을 일으키면 어떻게 될까? 당연히 2000년간 유지된 공리체계를 신뢰하는 다수는 크게 반발했다. 비난에 시달리던 칸토르는 우울증에 걸려 정신병원을 전전하다 생을 마감했다. 지금은 칸토르의 집합론이 일반적인 대학에서 배우는 교과과정이 됐지만 칸토르는 살아생전 그런 영광을 누리지 못했다.

'생존'하기 위해서가 아니라 '살기' 위해서 ━━━━

다시 〈월-E〉로 돌아가보자. 인간은 이성의 힘으로 과학기술을 발전시켰고, 지구를 파괴했으며, 결국 엑시엄호라는 폐쇄된 공간 안에 스스로를 유폐시켰다. 지구를 버리고 올라탄 엑시엄호 안에서는 자동화된 프로그램이 인간을 관리한다. 탄생부터 죽음까지 생의 모든 과정이 기계화된 인간은 주체적 의지를 잃어버린다. 할 수 있는 것도, 하고 싶은 것도 없다. 이 우스꽝스런 우주선에 엑시엄이란 이름을 붙인 것은 아주 훌륭한 반어법이다. 진리의 출발점에서 진리가 종말을 고했다. 픽사식 유머와 상상력은 결정적 순간에 가슴을 울린다.

공리체계도 완전무결할 수는 없다. 그래서 검토가 필요하다. 여기서 중요한 것은 공리를 둘러싼 논쟁이 거짓을 몰아내고 진리를 획득하는 일이라기보다는 인식의 지평을 넓혀가는 과정에 가깝다는 점이다. 새로운 이론은 이전의 성과와 한계를 함께 안고 다음 단계로 도약한다.

엑시엄호는 한 세계의 종착점인 동시에 또 다른 세계의 출발점이다. 목적지를 찾지 못하고 우주를 떠돌던 엑시엄호는 지구에 착륙하며 여행을 끝마친다. 엑시엄호가 여행을 멈춘 곳에서 다시 새 역사가 시작된다. 인간들이 공리로 믿고 있던 경제적 이익, 편리함, 효율성과 같은 가치를 환경, 평화, 공존, 재생, 지속가능성과 같은 가치로 대체할 수 있을까? 700년 만에 발을 내딛은 지구에 사람들이 새싹을 심으며 영화는 끝난다.

잘 돌이켜보면 우리의 삶 자체도 대부분은 몇 개의 공리로 구성돼 있다. 건강이 최고다, 가족이 제일 소중하다, 사랑을 위해 산다, 신앙

수학의 눈으로 보면 다른 세상이 열린다

또는 신념 없는 삶은 무의미하다…. 각자는 모두 자신이 만든 공리를 지키며 산다. 의심 없이 참으로 받아들이는 명제 같은 절대적 기준이 있어야 사람은 위기의 순간에도 무너지지 않고 일어선다.

모든 추상명사는 답이 없다. 자신만의 개념어 사전 속에는 무수한 추상명사 리스트가 있다. 공리는 그런 것이다. 사람을 생각하게 하고 판단하게 하고 그럼으로써 살게 한다. 때로는 그것이 완벽하지 않다는 사실이 드러나 하자를 보수하며 고쳐 쓰기도 하고, 때로는 그것을 혁명적으로 파괴하고 완전히 새로 만들어내기도 하며, 때로는 그것으로 인해 미로 같은 암흑 속을 헤매더라도 말이다.

생각노트

- 고대 그리스인들은 왜 눈금 없는 자와 컴퍼스만을 이용해 도형을 그렸을까?
- 공리가 완전하지 않다면 우리가 공리를 신뢰해야 하는 이유는 무엇일까?
- 여러분에게 혹은 여러분이 속한 사회에 필요한 공리는 무엇일까?
- 수학의 논리구조를 사회 구성에도 그대로 적용할 수 있을까?

교과과정 연계
중학교 수학 1: 기본도형, 평면도형과 입체도형
고등학교 수학: 집합, 함수

반과학주의는 과학의 발전으로 발생한 문제를 해결하기보다
차라리 악화시킬 가능성이 크다.

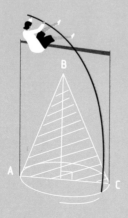

2

●

기계 같은 인간,
인간 같은 기계
〈이미테이션 게임〉

"때로는 아무것도 아닌 사람이
아무도 생각할 수 없는 일을 해내거든."

25년 전쯤 초등학교에서 베이직BASIC이란 컴퓨터 언어를 가르치는 게 반짝 유행했다. 나도 잠깐 그 유행에 합류해 난생처음 컴퓨터를 만져보았다. 곳곳에서 '정보통신 시대가 온다', '곧 컴퓨터가 세상을 지배한다'라는 얘기가 들려왔으나 대부분 컴퓨터를 배워서 어디다 써먹어야 할지 모르던 때다. 우리 집에는 컴퓨터도 없었다. 당시에는 상당한 고가였던 탓에 컴퓨터를 가진 애들이 별로 없었다. 그나마도 대부분 값비싼 골동품처럼 모셔져 있었다. 언제 올지 모르는 미래는 대다수 사람에게 실질적인 시간이 아니다.

그래서인지 그 어떤 긴장감도 불러일으키지 않는 방과 후 수업이 좋았다. 지적인 인상의 선생님을 보는 것도 좋았고 컴퓨터가 부팅될 때나 5.25인치 디스켓을 읽을 때마다 나는 끼르륵 끼르륵 소리도 듣기 좋았다. 하지만 그뿐이었다. 스무 살이 돼서야 처음으로 내 컴퓨터를 가질 수 있었다. 전화선으로 PC통신을 하던 시절이었고 인터넷이 상용화되니 마니 했다.

그러니 70~80년 전에 컴퓨터 같은 것을 고안한 사람을 천재라고 부

수학의 눈으로 보면 다른 세상이 열린다

르지 않을 도리가 없다. 그것이 말 그대로 computer라는 영어 단어가 의미하는 것처럼 단지 계산을 해주는 정도의 기계라 해도 말이다. 앨런 튜링은 컴퓨터의 역사를 이야기할 때, 컴퓨터의 아버지도 아니고 할아버지쯤으로 불릴 만한 인물이다. 그런데 영국 비밀정보기관에서 일했던 전력 때문에 활동 내용이 오랫동안 베일에 가려져 제대로 된 대접을 받지 못했다. 여기에는 동성애를 불법으로 간주했던 어두운 시대 상황의 영향도 있을 것이다.

괴팍하고 영리한 수학자들 ━━━

〈굿 윌 헌팅〉, 〈박사가 사랑한 수식〉, 〈뷰티풀 마인드〉에 이어 〈이미테이션 게임〉까지 몇 안 되는 작품이지만 수학자가 중심인물인 영화는 나름 일관된 패턴을 갖고 있다. 괴팍하고 영리한 수학자가 있다. 그 수학자는 남자다. 집중력은 뛰어나지만 사회성은 극도로 떨어져 자의 반 타의 반 혼자 지내는 시간이 대부분이다. 그들은 왕따거나 은둔자다. 세상과의 불화가 심할수록 주인공의 천재성은 더욱 빛나고 극적 반전이 주는 감동도 커진다. 그를 초라하게 만드는 것도 수학이지만 끝내 그를 위대하게 만드는 것도 수학이다.

〈이미테이션 게임〉도 상당 부분 전형적인 천재 서사를 따라간다. 영화에서 튜링은 독특한 사람이다. 어머니조차 그를 별난 사람odd duck 이라고 말한다. 사회성과 융통성도 모자라 보인다. 가는 곳마다 티격태격이다. 학창시절부터 그랬다. 튜링에게 특별한 친구는 크리스토퍼 뿐이었다. 둘은 수학으로 교감을 나눴다. 공부 잘하는 애들끼리 수학에 대해 이야기하며 사랑과 우정의 경계를 넘나드니 고대 그리스 철학자들의 귀족적 동성애가 떠오른다. 그런 크리스토퍼가 결핵으로 사망했다.

튜링이 암호해독팀 책임자로 국가기밀 업무를 수행할 때도 마찬가지였다. 동료들과의 관계는 퍼석퍼석했는데 조안이 숨구멍을 터주었다. 조안은 영화가 창조해낸 캐릭터가 아니다. 실존 인물로 튜링이 프러포즈까지 했다고 한다.[*]

조안은 튜링이 책임을 맡고 있던 암호해독 비밀기관 'Hut 8' 내에서 유일한 여성이었고 튜링은 동성애자였지만 조안과는 특별한 관계로 발전했다. 역시 매개는 수학이었다. 사람들이 생각하는 천재의 삶에는 무릇 세속적 욕망과는 다른 특별하고 숭고한 무엇이 있어야 한다. 튜링은 전형적인 천재다. 괴팍하지만 창의적이고 집요하다. 수학을 통해 세상과 관계를 맺지만 지적 호기심이 먼저고 관계는 그다음이다.

때로는 아무것도 아니라고 생각했던 사람이 아무도 생각할 수 없는 일을 해내거든.

크리스토퍼가 튜링에게 전했고, 튜링이 다시 조안에게 전한 이 말은 세상으로부터 이해받지 못한 천재들의 자기 위로다.

---

[*] www.bbc.com/news/technology-29840653

수학의 눈으로 보면 다른 세상이 열린다

새로운 기계를 만들고 싶다는 열망 ━━━

〈이미테이션 게임〉은 주로 제2차 세계대전을 전후로 튜링이 비밀기관에서 일했던 시기를 다룬다. 최근까지 외부에 알려지지 않았던 내용이다. 암호해독 과정은 컴퓨터의 발전과 직결된다. 집집마다 있고, 사람마다 휴대용으로 들고 다니는 그 컴퓨터(스마트폰) 말이다. 튜링이 학부 졸업 때 처음 이론화했던 컴퓨터는 전쟁을 거치면서 현실화된다.

컴퓨터를 완성하는 과정은 기계적 건조함과는 거리가 멀다. 뜨겁고, 아프고, 벅차다. 가려졌던 시절이 드러난 덕분에 천재로만 알려졌던 튜링의 삶을 복합적으로 이해하는 데도 보탬이 된다. 튜링은 동성애자였고 이 때문에 여성호르몬인 에스트로겐을 강제로 주사하는 잔인하고 부당한 형벌에 처해졌다. 그리고 스스로 생을 마감했다. 튜링의 삶은 그리 단순치 않았다.

〈이미테이션 게임〉의 또 다른 감상 포인트 가운데 하나는 강력하게 설정된 진영 논리 속에서 허우적대는 개인이다. 선악구도가 비교적 선명하게 설정돼 있다. 나치와 히틀러라는 절대악의 존재는 가치판단을 쉽게 만든다. 하지만 선악구도가 분명하게 설정된 경우조차 선의 입장이라고 해도 전쟁의 모든 면모가 미화될 수는 없다. 전쟁 중에는 무엇이든 쉽게 왜곡되고 소홀히 여겨진다. 우리가 절대선이라 믿었던 것들도 실상은 그렇지 않은 때가 많다.

상관: 자네, 대체 왜 정부 쪽 일을 하려 하는가?
튜링: 오, 하고 싶지 않은데요.

상관: 자네, 그 망할 평화주의자라도 되나?

튜링: 저는 폭력에 대해서는 불가지론자입니다.

상관: 자네도 알고 있겠지. 런던에서 1000킬로미터 떨어진 곳에서 히틀러라는
    망할 놈이 유럽 전체를 삼키려 하고 있다는 것을?

튜링: 정치는 제 전공이 아닌데요.

천재가 흔히 그렇듯 친절한 설명 없이 벌이는 독자적 행동은 오인받기 쉽다. 튜링이 하는 연구를 이해하지 못하는 동료 입장에서 튜링은 불편하고 짜증스런 존재다. 게다가 군 당국은 전쟁을 대하는 태도 때문에 튜링이 소련의 스파이가 아닌지 수시로 의심한다. 하지만 튜링도 기계를 완성하려면 지속적인 투자가 필요하다는 사실을 잘 안다. 암호해독 기계를 완성하는 것은 자신이 연구했던 튜링기계를 현실로 구현하는 일이었다. 그래서 튜링도 자신의 스타일과 현실 사이에서 타협한다.

전쟁을 빨리 끝내려 애쓰면 애쓸수록 튜링은 점점 깊숙이 전쟁에 관여하게 된다. 전쟁과 폭력에 대해서는 비판적이었지만 새로운 기계를 만들고 싶다는 열망은 전쟁을 통해 실현된다. 암호해독 기계가 완성된 후에도 암호해독에 성공했다는 사실을 독일군이 알면 안 되기 때문에 전략은 점점 복잡해진다. 때로는 아군의 희생을 알고도 모른 척할 수밖에 없는 모순적 상황마저 견뎌내야 한다.

영화에서 튜링은 더 이상 단순한 수학자나 연구자일 수 없다. 가치중립적이라고 믿는 지식을 통해 지식인은 전쟁의 일부로 기능한다. 그는 점점 더 자주 갈등한다. 튜링은 어떤 이데올로기도 받아들인 적 없다고 말한다. 하지만 폭력에 대해 그가 보여주는 성찰은 날카롭다.

사람들이 왜 폭력을 좋아하는지 알아요?

그건 바로 기분이 좋아지기 때문이죠.

하지만 그 쾌감을 제거하고 나면 폭력의 결과는 공허하죠.

전쟁 한가운데 놓인 인간의 말이다. 그가 폭력의 본질에 눈을 뜬 이유는 성적 정체성 때문에 일찍부터 폭력에 자주 노출됐기 때문이 아닐까. 튜링에게 전쟁은 그가 일상에서 겪었던 폭력의 확대판이다.

암호해독 과정이 만들어낸 최초의 컴퓨터

튜링은 제2차 세계대전 당시 독일군 암호를 해독할 목적으로 만들어진 영국 비밀기관 Hut 8에서 일했다. 〈이미테이션 게임〉에서는 튜링의 수학적 열망이 전쟁을 막겠다는 사명보다 앞서지만 실제 그의 심리가 어땠는지는 정확히 알기 어렵다. 튜링이 비밀기관에서 일하던 시절의 이야기는 오랫동안 감춰져왔다. 어쨌거나 그가 한 일은 그 시대에 가장 필요한 일이었다.

독일군이 사용한 암호 생성기계 이름은 에니그마인데 수학적 원리는 그리 복잡하지 않다. 한 문자를 다른 문자로 교체하는 간단한 방법으로 일대일 함수의 원리를 이용한다. 집합 X가 알파벳 26글자로 이뤄져 있다고 하면, X에서 X로 가는 일대일 대응 함수를 임의로 만드는 방식이다. 암호를 주고받는 당사자는 문자를 전환하는 규칙, 즉 함수를 알고 있으면 된다.

오른쪽 함수 f에 따르면 *enigma*라는 단어는 *xoqdcw*로 바뀌어 전송된다. 이를 암호화라고 한다. 암호를 받은 사람은 역함수 f^{-1}을 이용해서 다시 *xoqdcw*를 *enigma*로 복원하면 된다. 이를 복호화라고 한다.

수학의 눈으로 보면 다른 세상이 열린다

제삼자가 암호화된 문자 *xoqdcw*를 중간에서 낚아챘다 해도 함수 *f*를 모르는 이상 단어를 쉽게 복원할 수 없다.

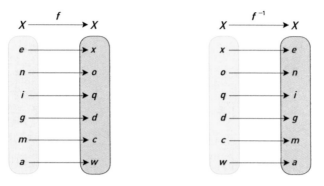

● 암호화의 기본 원리, 일대일 대응 함수 ●　　　● 복호화의 기본 원리, 역함수 ●

암호의 기본 원리는 간단하다 ━━━

암호를 만드는 건 간단하지만 복원하는 건 복잡하다. 경우의 수가 너무 많기 때문이다. 가령 문자 *a*, *b*, *c*를 배열하는 방법은 다음과 같이 여섯 가지다.

a, b, c　　*a, c, b*　　*b, a, c*　　*b, c, a*　　*c, a, b*　　*c, b, a*

이를 분류해보면 다음과 같다.

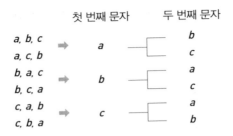

첫 번째 문자   두 번째 문자

a, b, c   ➡   a   ⌐ b
a, c, b   └ c
b, a, c   ➡   b   ⌐ a
b, c, a   └ c
c, a, b   ➡   c   ⌐ a
c, b, a   └ b

　a, *b*, *c* 셋 중에 하나를 첫 번째 문자로 고르면, 두 번째 문자는 각각 두 가지씩 선택할 수 있다. 첫 번째, 두 번째 문자가 확정되면 세 번째 문자는 저절로 고정된다. 따라서 경우의 수는 $3 \times 2 \times 1 = 6$이 된다. 이를 기호로 3!이라고 쓴다. 같은 원리로 문자를 5개로 늘리면 경우의 수는 $5 \times 4 \times 3 \times 2 \times 1 = 120$이다. 기호로 쓰면 5!이다. 이를 식으로 일반화하면 문자가 n개 있을 때, 경우의 수는 $n \times (n-1) \times \cdots \times 1 = n!$이다. $n!$은 n factorial(n의 계승)이라고 읽는다. 문자가 26개면 경우의 수는 무려 $26! = 403291461126605635584000000$이다.

　에니그마는 수학적 원리뿐만 아니라 구동방식도 간단한 편이다. 다음 그림처럼 문자를 다른 문자로 전환하는 톱니바퀴 구조이다.

● 암호를 만드는 에니그마 ●

수학의 눈으로 보면 다른 세상이 열린다

구조는 간단하지만 몇 가지 특징 때문에 에니그마가 만드는 암호화 방식은 더 복잡해진다. 일단 c가 c로 변환되는 것처럼 같은 문자로 암호화되는 경우는 제외한다. 그래서 경우의 수가 좀 줄어드는 듯하지만 천만의 말씀이다. 에니그마 그림을 보면 제일 오른쪽 A가 H를 거쳐 R로 바뀌었음을 알 수 있는데, 에니그마는 톱니가 3중 구조로 돼 있어 문자가 두 번 바뀐다. 이는 경우의 수 자체가 너무 어마어마해서 이 규칙을 모르는 사람이 역함수를 찾아내 R을 H로, 다시 H를 A로 복호화하는 것은 거의 불가능에 가깝다.

$$암호화: A \rightarrow H \rightarrow R, \ Z \rightarrow G \rightarrow Q$$
$$복호화: R \rightarrow H \rightarrow A, \ Q \rightarrow G \rightarrow Z$$

그런데 톱니가 회전하면서 문자가 바뀌는 규칙(암호화 함수)이 수시로 변한다. 나중에는 톱니가 4중 구조로 업그레이드돼 문자가 세 번 바뀐다. 경우의 수 자체가 엄청나게 커서 해독이 쉽지 않은데 규칙마저 수시로 바뀌기 때문에 암호를 늦게 해독하면 아무 의미가 없다.

영화에 등장하는 암호해독기 이름은 '크리스토퍼'인데 실제로 1939년 튜링이 Hut 8에서 개발한 암호해독기의 공식 명칭은 봄베The Bombe였다. 암호해독은 속도와 시간 싸움이었다. 봄베는 에니그마의 회전판 시스템을 본떠 만들었고 점점 해독 속도가 빨라졌지만 현재 사용되는 컴퓨터와 같은 디지털 방식이 아니라 아날로그 방식으로 작동하는 기계였기 때문에 저장 기능이 없었다. 그래서 봄베를 지속적으로 개량해 1943년에는 오늘날 컴퓨터와 작동원리가 거의 같은 콜로서스Colossus

를 개발하는 데 성공한다. 저장방식은 종이테이프에 천공을 뚫는 형식이었지만 속도가 엄청나서 결국엔 거의 실시간으로 암호문을 해독하는 수준이 됐다. 콜로서스는 그동안 최초의 현대식 컴퓨터로 알려진 에니악ENIAC보다 먼저 사용됐다. 군사기밀로 묻혀 있다가 최근에야 알려진 사실이다.

컴퓨터의 기본 원리가 된 보편기계 ───

수학자는 오직 지적 호기심 혹은 진리에 대한 열정 하나 때문에 인생을 던진다고 생각하는 경우가 많지만 꼭 그런 것은 아니다. 처음부터 실용적 목적으로 연구를 하는 경우도 많은데 현대사회에서 그런 경향성은 점점 커지고 있다. 하지만 신기하게도 수학사에서는 아무런 목적 없이 연구했는데 그 결과물이 유용하게 쓰일 때가 많다. 어떤 경우에는 시대에 묻어가지만 어떤 경우에는 자신도 모르게 연구에 시대가 담긴다.

튜링이 어느 쪽에 가까웠는지는 잘 모르겠다. 튜링이 컴퓨터에 대한 아이디어를 처음 밝힌 것은 1936년 케임브리지대학교 학부 졸업 직후 제출한 논문 〈계산 가능한 수에 대해서, 수리명제 자동생성 문제에 응용하면서On Computable Numbers, with an Application to the Entscheidungsproblem〉에서다. 이 논문에는 보편기계universal machine가 등장한다. 이 기계는 기계어를 통해 내용을 입력받고 명령을 수행한다.

가령 RPG 게임 속 캐릭터를 생각하면 쉽다. 힘은 1, 민첩성은 2, 지력은 3, 마법은 4, 공격은 A, 수비는 B, 정찰은 C, 건물 짓기는 D 등과

수학의 눈으로 보면 다른 세상이 열린다

같이 게임에서처럼 모든 언어가 단순 기호로 치환된다. 그리고 정해진 논리구조에 따라 입력된 프로그램을 수행한다. 이 기계화된 알고리즘 안에서 불가능한 것이 무엇인지 설명하면서 튜링은 괴델의 불완전성 정리를 자신만의 방식으로 다시 증명했다.

어떤 특정한 체계 안에는 참이지만 증명할 수 없는 명제가 반드시 포함돼 있다.

1931년 발표된 괴델의 불완전성 정리다. 이 내용은 수많은 수학자들을 패닉에 빠뜨렸다. 적절하게 공리를 설정하면 완벽한 공리계, 즉 내부에 어떤 모순도 없고 어떤 명제든 참 또는 거짓 여부를 판정할 수 있는 완벽한 논리체계가 가능하다는 믿음을 깨뜨린 것이다. 이 믿음은 고대 그리스 이래로 2000년 넘게 유지됐다. 많은 이들이 페르마의 한마디*에 350여 년을 매달렸다. 그리고 끝내 페르마의 정리를 증명했다. 당장 증명하지 못하더라도 참인 명제는 언젠가 반드시 해법이 나올 것이라고, 수학자들은 믿었다. 그런데 괴델이 이 오랜 믿음을 산산조각 냈다. 이 드라마틱한 이야기가 궁금하다는 이들에겐 《사람들이 미쳤다고 말한 외로운 수학 천재 이야기》라는 소설을 추천한다.

튜링은 이와 관련된 내용을 1935년에, 막스 뉴만Max Newman 교수가 개설한 '수학의 근본과 괴델 정리'라는 강의에서 처음 들었다. 그리고 자신만의 방식으로 불완전성 정리를 다시 증명했다. 이 과정에서 설정

---

* 페르마는 자신의 저서 《산법》 여백에 아래 명제를 증명했다고 기록을 남겼으나, 실제 증명과정은 남기지 않았다. 페르마의 마지막 정리로 불렸던 이 명제는 1995년 증명이 완성됐다.
　"2보다 큰 정수 n에 대하여 식 $x^n+y^n=z^n$을 만족하는 0이 아닌 정수해 x, y, z는 존재하지 않는다."

한 보편기계가 컴퓨터의 기본 원리가 됐다. 보편기계는 기계어로 이뤄진 알고리즘 방식에 따라 입력, 수행, 출력이라는 단순 프로세서를 따른다.

보편기계에는 동일 크기로 칸이 나뉜 기다란(무한히 확장 가능한) 종이 테이프가 있고 명령을 입력하면 테이프가 한 칸씩, 좌 또는 우로 이동하면서 미리 정해둔 규칙에 따라 입력된 명령을 문자로 전환해 지우거나 적는다. 당연히 동력은 전기가 공급한다. 동력이 주어지고 미리 정해둔 규칙만 있다면 기계가 엄청난 속도로 명령을 수행해서 결과물을 인쇄할 수 있다는 이 단순한 원리가 컴퓨터로 발전한 것이다.

수학의 눈으로 보면 다른 세상이 열린다

기계는 생각할 수 있는가?

튜링의 고민이 계산하는 기계에서 인공지능으로 넘어간 것은 의미심장하다. 특정한 물리적 동작을 수행하는 수준을 넘어 계산을 하는 기계가 등장하는 순간 이는 필연적 과정이 아니었을까? 계산에 국한된 것이기는 하지만 이는 인간의 근육을 흉내 낸 게 아니라 뇌를 흉내 낸 것이기 때문이다. 인간의 뇌를 닮은 기계를 만드는 일, 인간의 뇌 구조를 수학적으로 이해하는 일은 호기심과 두려움의 경계를 허문다.

튜링은 그간의 경험과 이론을 더욱 발전시켜 1950년에 발표한 〈계산 기계와 지능Computing Machinery and Intelligence〉이란 논문에서 처음으로 인공지능 개념을 고안했다. 튜링의 논문은 다음과 같은 질문으로 시작한다.

기계는 생각할 수 있는가?

이 질문에 답할 기준을 제시하기 위해 튜링은 '이미테이션 게임(모방

게임)'을 만들었다. 남자(A), 여자(B), 심문자(C)가 있다. 이들은 서로 다른 방에 분리돼 있다. 심문자가 질문을 던지면 남자와 여자는 무조건 답을 해야 한다. 게임의 목적은 단순하다. C가 A와 B 가운데 누가 여자이고, 누가 남자인지를 맞히는 것이다. 이때 목소리나 억양 등 물리적 특성으로 A와 B를 알아내는 상황을 피하기 위해 질문과 답은 타이핑된 문자로만 이뤄진다. A의 목적은 C가 정답을 맞히지 못하게 하는 것이고, B의 목적은 C가 정답을 맞히게 하는 것이다.

C는 남자(A)가 남자(A)인지 모르는 상황이므로 A를 임의로 X라고 부른다. C가 먼저 X에게 질문한다.

C: X, 당신의 머리카락 길이를 알려주세요.

당연히 A는 자신을 여성으로 착각하기 쉬운 답을 한다.

A: 내 머리는 물결 같은 웨이브가 있고 제일 긴 머리카락은 20센티미터쯤 돼요.

B가 취할 수 있는 최선의 전략은 사실대로 답하는 것이다.

B: 내가 여자입니다. 그의 말을 듣지 마세요!

그다음 상황에서 A는 당연히 "자신이 여자고 B가 거짓말을 하는 것"이라고 답할 것이다. 간단한 게임이지만 결과는 예측하기 어렵다. 이제 이 게임에서 A를 기계로 대체해보자. 그럼 어떤 일이 벌어질까? 튜링은 "기계는 생각할 수 있는가?"라는 질문을 이미테이션 게임으로 대체하면서 인공지능에 대한 개념을 제안한다. 튜링의 설정은 단순하다.

수학의 눈으로 보면 다른 세상이 열린다

물리적 특성을 제거하고 오직 논리만으로 게임을 진행할 때, 인간과 기계를 구분하기 어려운 정도라면 기계가 인간과 유사한 지능을 가진 것으로 보자는 것이다.

인공지능에 대한 공포 ━━━━

인공지능이 바둑에서 인간을 넘어선 지도 몇 년이 지났다. 대학교 교양국어 수업 숙제로 영화 〈블레이드 러너〉 감상평을 냈던 기억이 난다. 기계와 인간을 쉽게 구분할 수 없게 된 미래사회에 인간성이란 무엇인가라는 묵직한 고민을 앞서 제시했던 영화였다. 그때까지만 해도 알파고가 나와서 바둑으로 인간을 이길 것이라고는 상상도 할 수 없었다. 이미 엄청난 양의 정보를 입력해서 비슷한 패턴의 음악을 작곡하고 그림을 그리는 소프트웨어도 등장했다.

사람들은 막연히 알파고에 분노했고 기계에게 패한 인류를 동정했고 인공지능이 발전하는 속도를 두려워했다. 인공지능이 곧 세계를 지배할 것이라는 극단적인 반응도 나왔다. 하지만 이런 막연한 불안감은 현실에 별다른 도움이 되지 않는다. 스마트폰을 생각해보자. 한 사람이 손바닥만 한 크기의 휴대용 컴퓨터를 한 대씩 들고 다니는 셈이다. 불과 20년 전만 해도 이런 세상은 그저 상상 속에서나 가능한 일이었고, 대부분 현실 가능성도 낮다고 생각했다.

하지만 이미 창출된 필요는 좀처럼 사라지지 않는다. 반과학주의는 과학의 발전으로 발생한 문제를 해결하기보다 차라리 악화시킬 가능성이 크다. 중요한 건 과학기술을 민주적으로 제어하는 일인데 막연한 불안감은 집단적 무지를 조장하고, 이는 오히려 과학기술을 악용하려는 소수에게 더 좋은 토양만 제공한다.

수많은 정보 속에서 필요한 정보만 빠르게 찾아내는 능력과 스스로 가치판단을 내릴 줄 아는 능력은 질적으로 차원이 다른 이야기다. 하드웨어의 발전 속도가 기하급수적으로 증가해 작은 공간에 더 많은 정보를 담을 수 있게 됐고, 정보처리 속도가 엄청나게 빨라진 것은 물론 정보처리 방식도 다양해진 덕분에 알파고는 이세돌을 이겼다.

인공지능은 바둑에서 인간을 이겼지만, 자신이 바둑을 두고 있다는 사실 자체를 모르고 자신이 인공지능이란 사실을 모른다. 스스로 감정이나 의지를 만들어내지 못한다. 오히려 문제는 질적으로 차원이 낮은 인공지능이라 해도 특정 영역에서 인간의 능력을 압도할 수 있다는 사실이다. 당장 바둑 최고수를 이긴 인공지능이 등장하니 수많은 혼란이 벌어졌다. 이보다 더한 일상이 숱하게 펼쳐졌을 때 우리는 그 변화를 감당할 준비를 하고 있는가? 결국 인간이 인공지능을 어떻게 이용하느냐에 따라 결과는 엄청나게 달라질 것이다. 알파고는 속셈을 품을 수 없다. 하지만 속셈을 품는 인간은 알파고를 이용할 수 있다. 다시 문제는 인간이다.

튜링은 왜 기계에 인공지능을 부여하고자 했을까? ▬▬▬

튜링 테스트를 통과한 기계가 나왔다는 주장에 대해서는 의견이 분분하다. 튜링이 제안한 인공지능 개념은 여전히 논란거리다. '지능이 무엇인가'라는 다분히 철학적인 문제를 포함하고 있을 뿐만 아니라, 튜링이 제시한 테스트를 따르더라도 기계가 던지는 질문에 모순은 없는지, 질문은 얼마나 할 수 있는지와 같은 여러 가지 상황과 조건 때문에 인간과 유사한 지능의 기준을 설정하기가 쉽지 않다. 또한 그 기준을 통과하면 정말 인간과 유사한 지능으로 인정해도 되는 걸까? 우리가 그 기계를 인간이라 생각하고 대화를 나누는 장면을 상상해보면 대체 기준을 어떻게 잡아야 할지 난감하다.

무엇이 인공지능인지 정의하는 것과 별개로 인공지능을 구현하는 일에 대해서는 기대감만큼이나 거부감과 두려움도 크다. 다만 튜링이 계산 기계에서 컴퓨터로, 컴퓨터에서 인공지능으로 그 개념을 발전시키는 과정에서 알게 된 확고한 사실이 하나 있다. 인간의 논리구조를 기계화(수학화)하려는 시도가, 완전히는 아니어도 부분적으로는 가능하다는 것이다.

인공지능을 환영하건 거부하건 사람들은 "인공지능이 얼마나 인간에 가까워질 것인가? 혹은 인간을 넘어설 수 있을 것인가?"에만 관심을 쏟는다. 하지만 정작 중요한 질문은 정반대 관점에서 바라볼 때 발생한다. 즉, '인간은 얼마나 기계에 가까운가?'라는 질문이다. 따라서 그다음 이어질 질문은 이것이다. '대체 인간다운 것은 무엇인가?'

스파이로 오인까지 받아가며 비밀기관에서 일을 했던 수학자. 그래서 전쟁을 승리로 이끌었다고 후대에 평가받는 수학자. 하지만 그 대단한 성취를 어디에도 말할 수 없었던 수학자. 그래서 인생의 한 시기가 뻥 뚫려버렸고, 화학적 거세형을 받았고, 스스로 생을 마감한 수학자.

튜링은 왜 그토록 집요하게 새로운 기계를 만드는 데 몰두했을까? 그는 왜 기계에 인공지능이란 개념을 부여하고자 했을까? 기계를 통해 구현 가능한 지능으로 어떤 인간성을 기대했던 것일까? 단지 지적 호기심이 아니라 인간성에 대한 어떤 갈증이 기계를 통해 발현된 것은 아니었을까?

수학적 합리성이 튜링을 규정한다. 튜링의 언어는 컴퓨터 프로그래밍 언어를 닮아 있고 합리적 의사소통 과정은 순서도(플로우 차트) 전개와 비슷하다. 감정표현조차 논리로 섭렵해 사회화하는 캐릭터는 우리 주변에도 제법 있다. 튜링이 많은 경우 사교에 서툴렀던 것은 분명하다. 그러나 모두가 생물학적 여성이라는 이유만으로 조안의 능력을 의심할 때 편견 없이 그를 동료로 받아들인 사람도 튜링이었다.

이미테이션imitation에는 모조, 모방이란 뜻이 있다. 어디에도 진실을 말할 수 없는 수많은 기밀과 거짓 속에서 살았던 튜링에게는 차라리 암호해독기 '크리스토퍼'가 진정한 본질에 가까웠을지도 모를 일이다. 그래서일까? 전쟁 이후 튜링의 삶은 허깨비를 좇듯 공허했다. 튜링은 우울증에 시달렸고 더욱 진화된 '크리스토퍼'를 만드는 일만이 그를 살아 있게 했다. 하지만 끝내 스스로 목숨을 끊었다.

혼란은 기계가 인간을 지배하는 데서 오는 게 아니라 기계와 인간의 경계가 모호해지는 부분을 인간이 이용하는 데서 온다. 우리 삶 속에서 특정 영역은 이미 인간성과 기계성의 경계가 모호하다. 사람들은 인간 혹은 인간성에 대해 나름대로 정해진 답을 가지고 있었다. 그러나 과거에 정착된 개념은 새로운 시대 앞에서 언제나 변화를 요구받는다.

2019년 7월, 영국 중앙은행은 "앨런 튜링은 컴퓨터 공학과 인공지능의 아버지이자 전쟁 영웅으로서 광범위하고 선구적인 업적을 남겼다."라면서 그가 50파운드 지폐의 얼굴로 결정됐다고 발표했다. 새 지폐

수학의 눈으로 보면 다른 세상이 열린다

에는 튜링의 사진은 물론 그가 고안한 자동연산장치와 그 밑바탕이 된 1936년 논문에 등장하는 수학공식 등이 인쇄된다고 한다. 새 지폐는 2021년부터 시중에 유통될 예정이다.

많은 수학자가 그랬듯이, 튜링도 살아 있을 때, 자신의 업적을 제대로 평가받지 못했지만 이렇게 늦게나마 많은 사람들에게 알려지게 돼 다행이다. 하지만 그를 전쟁 영웅이라 평가하는 말은 목에 걸린 가시처럼 불편하다. 그는 영웅이 아니었다. 전쟁 영웅은 더더욱 아니었다. 차라리 테리사 메이 전 영국 총리가 트위터에 올린 말로 그를 추모하고자 한다.

"그의 업적과 영국에 대한 LGBT(성소수자)의 탁월한 기여를 기억해야 마땅하다."

생각노트

- 인공지능이란 무엇일까?
- 인공지능의 발달로 발생하게 되는 문제에는 어떤 것이 있을까?
- 각각의 문제에 대해 어떤 입장을 갖고 있는가?

교과과정 연계
고등학교 수학: 함수, 집합과 명제
고등학교 확률과 통계: 순열과 조합

수학 이론은 항상 가치중립적이라고 생각하기 쉽다.
하지만 동일한 수학 이론을 어떻게 사용하느냐에 따라 그 결과가 완전히 달라질 수도 있다.

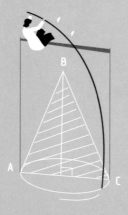

3

·

수학으로 상대의
마음을 읽을 수 있을까?
〈라이어 게임〉

확률이론은 게임에서 시작됐다

처음 책을 구상하며 수학 이야기를 곁들인 인문학적 글쓰기를 계획했을 때는 소설이 중심이었다. 영화나 드라마를 다루더라도 시간이 지난 작품이 대상이었다. 한 편 한 편 글을 쓸 때마다 많은 공을 들여야 해서 방영 중인 작품은 다루기가 힘들었다. 그런데 〈라이어 게임〉은 달랐다. 방영 중에 빠르게 생각을 정리했고 글도 수월하게 마무리했다.

〈라이어 게임〉은 일본 만화의 판권을 사서 제작한 작품으로 '라이어 게임'은 드라마 제목인 동시에 드라마 속 배경이 되는 버라이어티 프로그램의 제목이기도 하다. 드라마 속 버라이어티는 단계마다 게임을 통해 승패를 갈라 참가자를 줄여나가며 최종 우승자를 뽑는 과정을 그대로 방송으로 내보낸다. 단계마다 진행되는 게임은 수학적 사고에 기초해 설정돼 있다.

물론 어느 정도 운도 따라줘야 하지만 수학을 잘한다면 게임을 하기에 훨씬 유리하다. 방송에 참여한 주요 인물들은 여러 사건으로 얽히고 설켜 있어 게임에 심리적 요소 역시 크게 작용한다. 재밌는 것은 이렇

수학의 눈으로 보면 다른 세상이 열린다

게 상대의 심리를 읽어내는 근거도 수학에서 찾을 수 있다는 점이다.

그런데 시청률이 생각보다 낮은 것을 보니 이 흥미로운 요소가 역으로 시청자에게는 장벽이 된 듯하다. 줄거리 자체는 아주 흡인력이 높은데 막상 게임 규칙을 이해하기가 쉽지 않다. 초반에는 별로 난해하지 않다. 단계마다 게임 규칙도 열심히 설명해준다. 하지만 후반으로 갈수록 게임 난이도가 올라간다. 게임을 이해하려면 수학 전공자인 나조차 엄청나게 집중해야 했다. 그래도 기꺼이 리플레이를 반복해가며 볼만하다. 그 수고로움을 보상해줄 만큼 재밌다. 게임 규칙을 이해했을 때 순간의 깨달음이 주는 기쁨은 덤이다. 야바위보다 한층 우아하다. 그래서 주인공이 결정적 순간마다 내뱉는, 다음과 같은 말을 들으면 나도 모르게 고개를 주억거리게 된다.

"나에겐 필승법이 있어."

죄수의 딜레마의 결말 ━━━

수학을 잘하면 게임을 잘할까? 꼭 그런 건 아니다. 더러 게임에서 이길 확률이 높아질 수는 있다. 고스톱을 많이 쳐본 사람은 안다. 상대가 가진 패, 바닥에 깔린 패를 잘 분석하면 확률적으로 승률을 높일 수 있다. 그래도 운이 따라주지 않으면 말짱 허사다.

사람이 하는 모든 게임은 심리전이기도 하다. 수학이 강심장을 만들어주지는 못한다. 그런데 수학이 상대의 심리를 읽는 데 도움이 된다면 어떨까? 수학의 한 분야인 확률이론probability theory은 원래 게임에서 유래했다.

한 주사위 게임에서 상금은 64만 원이다. 세 번을 먼저 이기는 사람이 상금을 모두 가져가기로 했는데 승패가 2 : 1인 상황에서 게임을 할 수 없게 됐다. 상금을 어떻게 나눠 가져야 하는가?

17세기 수학자 파스칼의 친구였던 메레가 던진 질문이다. 파스칼이 확률이란 용어를 쓰지는 않았지만 이 문제는 확률의 역사를 언급할 때 항상 등장한다. 현재 2승을 한 사람을 A, 1승을 한 사람을 B라고 하자. A가 승리할 확률은 $\frac{1}{2} + \frac{1}{4} = \frac{3}{4}$이다. 먼저 네 번째 게임에서 승리할 확률은 $\frac{1}{2}$이고, 네 번째 게임에서 지고, 다섯 번째 게임에서 승리할 확률은 $\frac{1}{2} \times \frac{1}{2} = \frac{1}{4}$이다. 따라서 A가 승리할 확률과 B가 승리할 확률은 각각 $\frac{3}{4}$, $\frac{1}{4}$이므로 상금은 3 : 1 비율인 48만 원과 16만 원으로 나눠가지면 된다.

확률이론은 수학의 역사에서 비교적 늦게 발달한 이론이다. 도형을 연구하는 기하학geometry과 수와 식을 연구하는 대수학algebra은 문명시대와 함께 시작됐다. 함수와 그래프를 연구하는 해석학analysis은 대략 16세기 정도에 발전했는데, 확률계산과 자료분석을 주로 하는 통계학statistics은 그 뒤를 잇는다.

확률이론과 그에 기반을 둔 통계학은 합리적 의사결정 기준을 제공하는 도구로 자주 쓰이는데 대중에게 널리 알려진 대표적인 확률이론 중에 게임이론theory of games이란 것이 있다. 이는 특히 경제학에서 많이 활용되는 응용수학의 한 분야로 어떤 특정한 이론을 가리키는 것이 아니라 게임과 관련된 이론 체계 전반을 지칭하는 용어다. 아주 간단한 예로 '죄수의 딜레마'가 있다. 〈무한도전〉 392회를 보면 이해가 빠르

수학의 눈으로 보면 다른 세상이 열린다

다. 생각보다 쉬우니 잠시만 집중해보자.

사건 용의자 두 명이 체포돼 서로 다른 취조실에 격리돼 있다. 당연히 둘은 의사
소통을 할 수 없다. 이들에게 주어진 조건은 다음과 같다.

1. 둘 중 하나가 배신해 죄를 자백하면 자백한 사람은 즉시 풀어주고 나머지 한
   명이 10년을 복역해야 한다.
2. 둘 모두 서로를 배신해 죄를 자백하면 둘 모두 5년을 복역한다.
3. 둘 모두 죄를 자백하지 않으면 둘 모두 6개월을 복역한다.

간단히 말해 둘이 동시에 침묵하면 둘 다 6개월을 복역한다. 한쪽은
침묵했는데 한쪽만 자백하면 침묵한 사람은 10년을 살고, 자백한 사람
은 풀려난다. 둘 모두 자백하면 둘 모두 5년을 복역한다.

자, 이제 당신이 체포된 사람 중 하나라고 상상해보자. 상대가 침묵
하는 경우 당신은 자백하는 게 유리하다. 상대가 자백하는 경우에도
당신은 자백하는 게 유리하다. 결국 당신은 자백을 선택한다. 마찬가
지 이유로 상대도 자백을 선택한다.

둘 모두 침묵을 지키면 6개월을 복역하면 그만인데, 대부분의 실험
에서는 둘 모두 자백을 하고 5년을 복역하는 쪽으로 결론이 난다. 각자
가 가장 합리적이라고 생각한 쪽으로 행동했는데 결과는 서로 침묵하
고 6개월을 복역하는 것보다 나쁜 쪽으로 기울었다.

게임이론은 개별 행위자들이 항상 자신의 이익을 극대화하는 방향으
로 사고한다고 전제한다. 개별 행위자들 사이에는 어떤 감정도 개입하

지 않는다. 즉, 신뢰든 불신이든 측정 불가능한 요소는 배제한다. 이런 전제를 받아들이면 실험 대상자 둘 사이의 의사소통을 허용해도 결과는 똑같다. 합리적으로 사고했는데 가장 좋은 결과를 도출할 수 없다니 안타까운 일이다.

착한 사람, 똑똑한 사람, 냉혹한 사람 ━━━━

이제 드라마 속 버라이어티에 등장하는 주인공들을 만나보자. 남다정은 신뢰의 강자다. 어떤 상황에서도 무조건 일단 상대를 믿고 본다. 당연히 사기를 당하기도 제일 쉬운 캐릭터다. 아버지는 빚에 쫓겨 집을 나갔고 그 빚은 고스란히 자신에게 넘어왔다. 다니던 학교를 그만두고 알바를 하지만 아무리 열심히 일해도 이자조차 갚기 버겁다. 집에는 사채업자들이 들끓고 삶은 탈출구가 보이지 않는다. 그런데도 늘 웃고 남을 잘 돕고 쉽게 믿는다. 아마 주위에 이런 친구가 있다면 답답해서 보고 싶지 않을 것이다.

하우진은 천재다. 명문대 최연소 심리학과 교수였으나 알 수 없는 이유로 범죄에 연루돼 감옥에 갇혔다가 출소한다. 행동, 몸짓, 얼굴 표정 등 작은 변화를 놓치지 않고 정확하게 상대의 심리를 읽어낸다. 이런 능력을 십분 발휘해 범인을 잡는 경찰을 돕기도 한다. 드라마는 "그 누구도 믿지 말라."라는 하우진의 대사로 시작한다. 냉정하고 똑똑한 그가 말하면 왠지 다 그럴듯하게 들린다. 매 게임에서 "내겐 필승법이 있어."라고 말하는 하우진은 절대로 질 것 같지 않다.

그런 하우진과 대등한 실력을 겸비한 상대가 강도형이다. 강도형은

수학의 눈으로 보면 다른 세상이 열린다

드라마에서 악역을 맡고 있다. 사람을 들었다 놨다 하는 타입인데 매우 공격적이면서도 자신의 속내는 들키지 않는다. 같은 천재라도 하우진이 든든하다면 강도형은 매섭다. 악역 캐릭터에도 공감을 이끌어 내는 포인트가 있기 마련인데 강도형에게는 아픈 과거가 있다. 하지만 몇 꺼풀을 벗겨내도 실체가 잘 드러나지 않는다. 연기하는 자신을 연기하고 가면을 쓴 자신을 다시 가면으로 만드는 사람이다.

남다정과 하우진은 게임 참가자고 강도형은 사회자인 동시에 이 게임을 기획한 사람이기도 하다(후반부에는 강도형도 플레이어로 게임에 직접 참가한다). 1단계 참가자는 40명이다. 단계를 거칠 때마다 생존자는 줄어들고 상금 규모는 점점 커진다. 최종 우승자는 100억이라는 엄청난 상금을 받는다. 참가자로 선발된 40명은 대체로 남다정처럼 마음은 착하지만 돈이 절실한 사람들이다. 게임을 기획한 강도형은 '돈 앞에선 누구나 다 가면을 벗는다.'라는 명제를 입증하기 적당한 사람들을 선별해 게임을 시작한다.

적당한 설렘과 기대로 경쾌한 분위기 속에 시작된 게임은 사람이 줄어들수록 처절해진다. 기획 선발된 참가자들은 장기판의 말처럼 강도형의 의도대로 움직인다. 사람들은 점점 험악해지고 추해지는데 살벌한 기운마저 감돌 정도다. 그렇게 '라이어 게임'이라는 TV쇼는 점점 가상과 현실의 구분이 모호한 스릴러물이 돼간다.

당신은 게임 안에 있는가, 밖에 있는가

게임에 참여하는 사람들은 일단 매 게임이 끝날 때까지 밀폐된 공간에서 함께 지낸다. 상대를 이기기 위해 여러 가지 거짓말을 동원해도 상관없으며 돈으로 상대를 매수해도 된다. 물리적 폭력을 행사하는 것만 안 될 뿐 게임 내에서 체결한 계약은 게임 내에서 유효하다. 계약과 배신이 밥 먹듯 이뤄지고 어제의 적이 오늘의 동지가 되는가 하면 팀 안에서 적과 내통하는 사람도 있다.

개별 참가자들은 기본적으로 각자 자기 이익이 극대화되는 방향으로 행동한다. 따라서 가장 합리적인 선택이 차악의 결과를 불러오는 '죄수의 딜레마'처럼, 서로를 믿지 못하는 합리적 자유인들은 정글과 같은 풍경을 연출한다.

그런데 상식을 벗어나는 캐릭터가 있다. 게임판을 흔드는 가장 강력한 존재는 역설적으로 게임의 법칙을 철저히 무시하는 남다정이다. 룰 밖에 있는 사람은 근본적인 틀을 흔들기도 한다. 남다정은 자신의 이익을 극대화하는 방향으로 움직이지 않는다. 심지어 그는 중간 생존자들에게 모두 똑같은 선택을 하면 승패가 갈릴 일이 없으니 최종단계까

수학의 눈으로 보면 다른 세상이 열린다

지 함께 진출해서 상금을 골고루 나눠 갖자고 제안한다.

게임의 이유 자체를 무색하게 만드는 발상이다. 그런데도 남다정의 제안은 묘한 반향을 일으킨다. 게임 참가자들의 사연이 처절하면 처절할수록 자본주의 경쟁 사회에서 패배한 숱한 낙오자들은 서로를 부둥켜안고 가자는 제안에 조금씩 흔들린다.

여기에 하우진과 강도형의 복잡한 셈법이 개입한다. 하우진은 남의 말을 믿지 말라면서도 정작 자신은 절대적 믿음을 갈망하며 남다정을 돕고, 강도형은 사람들의 관계를 적절히 이간질하며 효과적으로 자신의 목표를 향해 나아간다.

강도형은 돈 앞에 장사 없다는 자기 신념을 증명함으로써 바닥까지 떨어진 인간성을 조롱하고 싶은 반면, 하우진은 그 반대편에서 강도형에 맞서고 싶어 한다. 그 둘 모두에게 남다정은 절대적으로 필요한 존재다. 결국 게임은 남다정을 사이에 두고 하우진과 강도형이라는 이질적인 천재들이 벌이는 사투가 돼간다.

수학이 선물한 디스토피아 ━━━

물론 게임은 남다정의 생각대로 굴러가지 않는다. 그렇게 세상이 간단한 것이라면 인간은 진즉에 유토피아를 건설하고도 남았을 것이다. 남다정의 선의는 당연히 배신당한다. 그렇다면 우리는 무엇을 믿어야 할까? 남다정의 계획을 박살내는 건 단 한 명의 배신자면 충분하다. 흥미롭게도 이 상황과 흡사한 문제가 2008년 이화여대 수리논술에 출제된 적이 있다.

A, B 두 도시가 있다. 인구는 무한히 많다. 정보는 앞사람이 뒷사람에게 말해주는 방식으로 일자형으로 전달된다. 앞사람은 뒷사람에게 자기가 들은 내용을 그대로 전달하거나 반대로 전달하거나 둘 중 하나다. A도시 사람들은 매우 정직한 편이라 확률적으로 99퍼센트는 들은 내용을 그대로 전달하고, 1퍼센트만 반대로 전달한다. 반면 B도시 사람들은 상대적으로 거짓이 만연해서 확률적으로 60퍼센트가 들은 내용을 그대로 전달하고, 40퍼센트는 반대로 전달한다. 최초 전달자는 올바른 정보를 갖고 있다. 자, 두 도시에서 어떤 정보가 무수히 많은 사람을 거쳐 전달된다고 하자. 단계를 거칠수록 전달되는 정보의 진위 여부는 어떻게 될까?

A도시 상황을 간단한 수식으로 표현해보자. 확률은 전체를 1로 놓는다. 따라서 n번째 사람이 올바른 정보를 전달받을 확률이 p_n이라면, 잘못된 정보를 전달받을 확률은 $1-p_n$이다. 최초 전달자는 올바른 정보를 받고 시작하므로 $p_1=1$이다. 앞사람이 올바른 정보를 그대로 전달할 확률은 0.99, 앞사람이 거짓으로 정보를 전달할 확률은 0.01이므로 다음과 같은 관계식이 성립한다.

$$p_{n+1}=0.99p_n+0.01(1-p_n),\ p_1=1$$

p_n값을 표로 정리하면 다음과 같다(소수점 여섯째 자리까지 표시).

n	1	2	3	10	100	200	500
p_n	1	0.99	0.9802	0.916874	0.567663	0.508973	0.500021

● A도시에서 n번째 사람이 올바른 정보를 전달받을 확률 ●

수학의 눈으로 보면 다른 세상이 열린다

위와 마찬가지로 B도시에서는 다음과 같은 관계식이 성립한다.

$$p_{n+1}=0.6p_n+0.4(1-p_n),\ p_1=1$$

이 경우 p_n값을 표로 정리하면 다음과 같다.

n	1	2	3	10	100	200	500
p_n	1	0.6	0.52	0.5	0.5	0.5	0.5

● B도시에서 n번째 사람이 올바른 정보를 전달받을 확률 ●

B도시의 경우 10번째 이후부터 확률이 $\frac{1}{2}$로 고정된다. 흥미로운 것은 A도시 역시 똑같이 확률이 $\frac{1}{2}$로 수렴해간다는 사실이다. 결국 많은 사람을 거치면 두 도시에서 올바른 정보와 거짓 정보가 전달될 확률은 똑같이 $\frac{1}{2}$로 수렴한다.

이 결론은 초기조건을 바꿔도 변하지 않는다. 전달된 내용이 참일 확률과 거짓일 확률이 정확히 반반이라면 각 도시의 사람들이 얼마나 정직한가는 결과적으로 정보의 참과 거짓을 판단하는 데 아무런 의미를 갖지 못한다. 100명에 한 명꼴로만 거짓말을 해도 어차피 결론은 아수라장이다. 그러니 검증을 거치지 않은 무분별한 정보를 너무 신뢰하지 말라. 너무 너무 정직한 A도시라고 해도 달라질 건 없다. 수학은 당신에게 디스토피아를 선물한다. 남다정은 무조건 실패한다.

그렇다면 우리가 인간의 선의를 믿는 게 무슨 의미인가? 남다정식 해법은 단 한 명만 배신을 해도 의미를 상실한다. 아니, 단 한 명이라도 배신자가 있을 수 있다는 생각만으로도 상황은 파국으로 치닫는다. 내게 전달된 정보가 진실인지 거짓인지 알아낼 방법이 없기 때문이다.

수학은 가치중립적일까?

수학이나 과학 이론을 흔히 진리라고 부른다. 가치판단의 문제가 아니라는 뜻이다. 그래서 수학 이론은 항상 가치중립적이라고 생각하기 쉽다. 하지만 동일한 수학 이론을 어떻게 사용하느냐에 따라 그 결과가 완전히 달라질 수 있다.

토머스 맬서스라는 유명한 고전경제학자가 있다. 맬서스는 《인구론》에서 '식량은 산술급수적으로 증가하는데 인구는 기하급수적으로 증가한다.'라는 이론을 전개했다. 쉽게 말해 식량은 100, 101, 102, 103, 104, …, 이렇게 일정한 양이 증가하는데 인구는 1, 2, 4, 8, 16, 32, …, 이렇게 일정한 비율로 증가한다는 의미다.

그럼 나중에 어떻게 되겠는가? 당장엔 식량이 훨씬 많아도 시간이 흐르면 인구가 식량을 추월한다. 맬서스는 이 이론으로부터 다음과 같은 결론에 이른다. 시간이 흐르면 인구에 비해 식량이 모자라는 현상이 일어나는데 이것은 자연의 법칙이다.

맬서스의 인구이론은 기득권 세력이 구체제를 옹호하는 데 이용됐다. 그렇게 19세기 영국에서 몇 십 년간 잘 쓰이다가 폐기되는데 일단

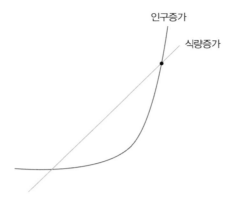

인구증가

식량증가

● 맬서스의 인구이론
"식량은 산술급수적으로 증가하는데 인구는 기하급수적으로 증가한다." ●

출생률이 일정하다는 가정 자체가 맞지 않았고 식량증가나 인구증가 패턴도 예상과 달랐다. 수학은 이렇게 때로는 잘못된 이론을 정당화하는 데 사용되기도 한다.

사람의 문제에 고정된 진리는 없다 ━━━

게임이론 역시 다양한 방식으로 이용된다. 어떤 사람은 사회에서 개별적 인간의 합리적 행동만으로는 최선의 결과가 도출되지 않으니 중재자로서 정부의 역할을 강조한다. 어떤 사람은 합리적 행동에 따라 산출되는 결과라면 좋든 나쁘든 이를 어느 정도 인정해야 한다고 말하기도 한다.

남다정이 많아지면 세상은 좋아지는가? 선의는 언제나 최선의 결과를 만드는가? 그렇지 않다면 이 세상이 조금 더 좋아지려면 무엇이 필

수학의 눈으로 보면 다른 세상이 열린다

요한가? 수학에는 도덕이 개입하지 않는다. 그러나 그 수학을 사용하는 사람은 도덕을 개입시킨다.

어떤 의지가 먼저 있고 그 의지를 관철시키기 위해 지식을 사용하는 사람들이 많다. 경제학은 진리가 아니다. 사람의 문제에 고정된 진리란 없다. 그러니 무조건 믿지 말라. 사람들의 선의조차도. 어떻게 하면 그 선의가 선한 결과로 이어지게 할 수 있을지 부단히 고민해야 한다. 하우진처럼 언제나 이 한마디로 문제를 해결할 수 있다면 얼마나 좋을까!

"내겐 필승법이 있어."

생각노트

– 모든 사람은 자기 이익을 극대화하는 방향으로 행동한다는 게임이론의 전제는 타당할까?
– 죄수의 딜레마에 빠지지 않고 서로가 윈윈할 수 있는 사회적 동기는 무엇일까?
– 사회문제를 수학적으로 모델링할 때는 어떤 태도가 필요할까?
– 사회문제를 수학적으로 모델링해서 득이 된 경우와 그렇지 않은 경우를 찾아보자.

교과과정 연계
중학교 수학 2: 확률과 그 기본성질
고등학교 확률과 통계: 확률의 뜻과 활용
고등학교 수학: 함수
고등학교 수학 1: 수열, 지수함수와 로그함수
고등학교 미적분: 수열의 극한

수학처럼 모든 게 OX로 딱딱 떨어지지 않는 인간 세상은
법을 언어로 규정해놓아도 논쟁이 계속된다.

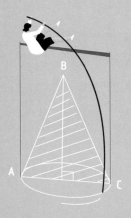

4

·

수학의 언어와
현실의 언어
〈라이브〉

수학은 애매한 정의를 사용하지 않는다

수학에서는 새로운 용어가 등장하면 항상 정의부터 나온다. 정의가 갖춰야 할 제일 중요한 조건은 애매한 구석이 없어야 한다는 점이다. 가령 '볼록하다'라는 표현을 살펴보자. 배가 볼록하다고 하면 저마다 판단 기준이 다를 수밖에 없다. 어떤 사람이 보기엔 볼록한 배도 누군가에게는 아닐 수도 있다. 하지만 수학에서는 주관적인, 즉 사람마다 판단이 다른 정의는 사용하지 않는다.

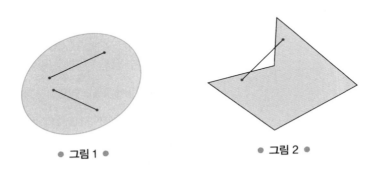

● 그림 1 ●   ● 그림 2 ●

그림 1에서처럼 도형에 포함되는 두 점을 아무렇게나(임의로) 잡아 선분을 만든다. 그 선분이 도형에 온전히 포함되면 볼록하다convex고 정

수학의 눈으로 보면 다른 세상이 열린다

의한다. 그림 2처럼 두 점을 잇는 선분이 일부라도 도형 밖으로 나가면 볼록한 도형이 아니다. 이처럼 수학용어는 OX를 확실하게 판단할 수 있도록 정의한다.

점은 부분이 없는 것이다.

유클리드의 《원론》에 등장하는 첫 문장이다. 점은 넓이도 길이도 없고 오직 위치만 있다는 의미다. 평범해 보이는 이 한 문장에 지성사의 엄청난 변화가 담겨 있다. 0을 아무리 많이 더해도 0이듯이, 점은 아무리 많이 찍어도 면적이 0이다. 따라서 유클리드가 내린 점의 정의에 따르면 순수한 수학의 세계에서 점으로 찍어서 그린 그림, 점묘화란 말은 성립하지 않는다.

애초에 현실에서는 면적도 길이도 없는 점이 존재하지 않으니 우리가 상식적으로 사용하는 단어인 '점'과 수학에서 정의한 '점'은 차이가 있다. 현실에 없는 점을 순수한 개념으로 받아들이기 시작했다는 것은 고대 그리스에 와서 수학이 측량이나 산술이 아니라 순수한 지적 행위로서의 학문이 됐음을 의미한다. 공리와 정의, 증명을 통한 정리(공식) 도출이라는 일련의 방법을 확립하면서 수학은 공리로부터 출발하는 방대한 지식의 피라미드를 구축하게 됐고, 이러한 수학적 방법론은 다른 영역으로 두루 퍼져나갔다.

수학과 법은 무엇이 다른가 ────

가끔 시민의 눈으로 보기에 정치인이나 언론은 말을 꼬아서 문제를 복잡하게 만드는 것처럼 보인다. 물론 정치 문화가 성숙하지 못해서 일 수도 있고 정치가 마치 대단한 전문영역인 것처럼 시민을 소외시키려는 의도일 수도 있지만 법조문을 갖고 토론하다 보면 그렇게 될 수밖에 없는 측면도 있다. 현실세계에서는 어떤 용어든 정의를 내리면 해석을 둘러싼 논쟁이 벌어진다. 엄밀한 정의 덕분에 판단이 명료해질 것 같지만 수학 바깥 세계에서는 꼭 그렇지만도 않다. 내부 세계에서 작동하는 엄밀한 언어체계가 그 외부에서는 상호모순을 일으키기도 한다.

수학처럼 모든 게 OX로 딱딱 떨어지지 않는 인간 세상은 법을 언어로 규정해놓아도 논쟁이 계속된다. 사람들은 토론을 하면서 계속 더 적절하고 분명한 언어를 찾고 다듬어가면서 사회적 합의를 도출한다. 민주주의는 기본적으로 주먹이나 강압이 아니라 논리로 상대를 설득해야 한다. 그래서 현실과 괴리가 존재하더라도 절대 수학적 언어체계를 포기하지 않는다. 현실의 문제를 제도 안으로 끌어들일 때 제도와 현실 사이에 간극이 벌어진다. 법을 만드는 사람들은 그 간극을 미리 인지해 어떤 부분은 포기하고 어떤 부분은 적극적으로 끌어안으면서 문장을 만들어낸다. 그래서 법조문 제일 앞에는 항상 그 법이 지향하는 목적이 나온다. 수학과 법에 다른 점이 있다면 법에는 지향(목적)이 있다는 것이다.

수학의 눈으로 보면 다른 세상이 열린다

매뉴얼 안에서 다툼을 벌이는 사람들

　　2018년에 방영된 드라마 〈라이브〉는 지구대 경찰 이야기다. 강력반 형사 이야기도 부정부패에 연루된 권력게임을 다룬 이야기도 아니다. 그냥 일상에서 흔히 만나는, 순찰차를 타고 골목 곳곳을 누비는 동네 지구대 경찰 이야기다. 전국에서 사건 사고가 가장 많기로 유명하다는 '홍일지구대'는 도심 번화가에 위치해 있다. 취객이 순찰차에 게워낸 토사물을 치우고, 폭행을 말리다 두드려 맞고, 음주단속을 피해 달아나는 불량 운전자를 쫓으며 고된 노동 속에 살아가는 지구대 경찰 이야기다.

　경찰은 동시에 매일같이 끔찍한 범행 현장과 마주하고, 때로는 극단적 폭력은 물론 죽음과 대면해야 하는 존재들이기도 하다. 국가가 승인한 유일한 폭력인 공권력을 행사하면서도 때로는 그 권력이 정당하게 주어진 것인지 고뇌하고, 동료가 죽어가는 순간에도 지역경찰 현장 매뉴얼에 따라 총기를 사용해야 하나 말아야 하나 주저하며 괴로워하기도 한다. 수많은 사건 사고 한가운데 있을 때 이들은 경찰이지만, 제복을 벗고 일상으로 돌아왔을 때 이들은 우리와 다르지 않은 시민이다.

바람직함의 최소기준 ━━━

이 드라마엔 주인공이 없다. 굳이 찾자면 출연 비중을 봤을 때, 이제 갓 중앙경찰학교를 마치고 처음 지구대에서 일을 시작한 신입 경찰 한정오와 염상수가 주인공이라 할 수 있다. 언제나 새롭게 배워야 할 일이 넘쳐나는 신입 경찰들에겐 하루하루가 고되다. 감당하기 힘든 속도로 몰아치는 감정 끝에 남는 질문은 항상 똑같다. '나는 왜 경찰이 되었나?'

한정오는 우수한 신입생이다. 이론과 실천 뭐 하나 빠지는 게 없다. 매뉴얼 숙지에도 능하다. 현장에서도 판단이 빠르고 대체로 최선의 선택을 한다. 팀플레이에도 능숙해서 협업도 잘한다. 하지만 사람이 죽고 다치는 끔찍한 현장을 볼 때마다 흔들린다. '과연 나에게 경찰이 맞는 것일까? 나는 이 두려움과 고통을 감당할 수 있을까?'

염상수는 머리보다 몸이 앞선다. 항상 능력 이상으로 덤빈다. 그래서 상황을 그르치기 일쑤고 자신도 자주 다친다. 사명감인지 승부욕인지 경계가 모호한 열정이 넘치고 한정오에게 열등감을 느끼면서 동시에 그를 좋아한다. 고민도 오래 하지 않는다. 일단 사건이 터지면 출동하고 범인이 있으면 잡는다. 이왕이면 성과도 내서 인정받는다면 더 좋겠지만 애초에 계산 같은 건 하지 않는다.

오양촌 경위는 이 둘 못지않게 비중 있는 인물이다. 사명감을 목숨처럼 여기고 그 자부심 하나로 현장에서 25년을 버틴 베테랑 경찰이다. 능력 있고 저돌적이며 출세보다 사명감을 지키는 게 더 소중한 행동파다. 겉으로는 신입 경찰을 괴롭히는 고약한 선배 같지만 그 누구

　　　　　　　　　　수학의 눈으로 보면 다른 세상이 열린다

보다 가르치는 일에도 투철하다.

바람직한 경찰이 뭔지 답은 정해져 있지 않지만 적어도 최소기준은 있다. 대통령령 '경찰공무원 복무규정' 제3조 기본강령을 일부만 살펴보자.

경찰공무원은 다음의 기본강령에 따라 복무해야 한다.

1. 경찰사명
경찰공무원은 국가와 민족을 위해 충성과 봉사를 다하며, 국민의 생명·신체 및 재산을 보호하고, 공공의 안녕과 질서를 유지함을 그 사명으로 한다.

2. 경찰정신
경찰공무원은 국민의 수임자로서 일상의 직무수행에 있어서 국민의 자유와 권리를 존중하는 호국·봉사·정의의 정신을 그 바탕으로 삼는다.

3. 규율
경찰공무원은 법령을 준수하고 직무상의 명령에 복종하며, 상사에 대한 존경과 부하에 대한 신애로써 규율을 지켜야 한다.
…

기본강령은 너무 포괄적이어서 구체적인 상황에 대한 답은 주지 못한다. 현장에서 피해자가 가슴을 만지려 하자 당황한 한정오가 뺨을 때리는데, 오양촌은 잘못하면 독직폭행(인신구속에 관한 직무를 행하는 특별공무원의 폭행 또는 가혹행위)으로 시보(정식 임용 전까지 1년간 실무를 익히는 수습 경찰공무원) 인생 종칠 수도 있다고 충고한다. 이럴 땐 뺨을 때릴게 아니라 공무집행방해죄로 체포하면 된다고 말이다.

흥분한 주취자(술 취한 사람)와 실랑이가 붙은 염상수는 그를 물리적으로 제압해야 할지 고분고분 다독여야 할지 고민하는 사이 주취자에 밀려 차도로 넘어져서 아찔한 상황을 연출한다. 반면 초기대응 매뉴얼을 잘 이해하고 있던 한정오는 도로에서 주취자가 순경을 밀칠 때 주취자는 이미 시민이 아니라 범법자이므로 빠르게 제압해야 한다고 결론 내린다.

이처럼 현장에서는 기본강령 안에서 내용이 서로 충돌하는 상황이 수시로 벌어진다. 이를 해결하기 위해 드라마에는 수많은 현장 매뉴얼이 나온다. 경찰청훈령 제865호 '경찰 매뉴얼 관리규칙' 제2조(용어의 정의)에는 경찰 매뉴얼, 업무 매뉴얼, 일반 매뉴얼, 전문 매뉴얼, 직책 매뉴얼, 현장 매뉴얼 등 총 6가지 매뉴얼에 대한 정의가 나온다.

누가 그들의 사명감을 가져갔나 ━━━

순찰대는 항상 2인 1조로 움직인다. 오양촌과 염상수는 사수와 부사수로 한 조를 이룬다. 매뉴얼을 철저하게 따르겠다고 다짐한 염상수이지만 정작 상황이 닥치면 감정에 따라 오락가락한다. 어떨 때는 매뉴얼대로 하고 후회하고, 어떨 때는 매뉴얼을 아예 잊고, 어떨 때는 의식적으로 매뉴얼을 위반한다.

염상수는 매번 가르쳐주지 않으면 잘못을 받아들이지 못한다. 머리보다는 몸이 먼저 움직이는 터라, 일일이 알려주기 전까지는 무엇이 잘못인지 모른다. 자신이 매우 용감하고 사명감 넘치는 경찰이라고 생각하지만 손이 많이 가는 캐릭터다. 그런 염상수가 조금씩 바뀌는 것은 어쨌거나 매뉴얼의 소중함을 깨우쳐주는 오양촌 덕분이다. 오양촌에게 매뉴얼은 형식적인 절차가 아니라 사명감을 실현하는 도구다.

수많은 현장에서 지지고 볶는 과정을 거쳐 염상수는 어느덧 오양촌을 존경하며 성장해간다. 그런 둘에게 어느 날 근본적인 위기가 찾아온다. 캄캄한 밤 불 꺼진 공원 화장실에서 연쇄폭행 사건 현장을 조사 중이던 오양촌이 지원을 요청한다. 이때 숨어 있던 범인이 갑자기 화장실로 난입해 오양촌을 무차별적으로 공격한다. 무전을 듣고 부리나케 뛰어온 염상수는 총을 꺼낸다. 칼을 버리라는 경고에 따라 범인이 칼을 버리고 투항하는 척하다가 쓰러진 오양촌의 총을 꺼내려는 순간, 염상수가 총을 쏜다. 오른쪽, 왼쪽 팔에 한 방씩. 그리고 총을 쏜 염상수는 과잉대응으로 징계위에 회부된다.

핵심은 염상수가 지역경찰 현장 매뉴얼을 위반했느냐 위반하지 않았느냐이다. 염상수는 지역경찰 현장 매뉴얼 1, 2번-아, "현장경찰은 피혐의자에게 3회 이상 투기명령 또는 투항명령을 해야 하며, 명령 시 반드시 시간적 간격을 둬야 한다."를 어겼다는 혐의를 받는다. 이에 대해 염상수를 옹호하는 징계위원은 형법 제21조(정당방위) 3항 "야간 기타 불안스러운 상태하에서 공포, 경악, 흥분 또는 당황으로 인한 때에는 벌하지 아니한다."라는 조항을 반론으로 제시한다.

결국 염상수는 가까스로 징계를 면하지만 목숨을 걸고 사명감을 지키려 했던 염상수와 오양촌은 자신들에게 책임을 떠넘기려는 경찰 수

뇌부 때문에 깊은 상처를 받는다. 염상수는 다시 그 순간으로 돌아가도 자신이 어떤 판단을 내릴지 예측할 수 없다고 말한다. 어떤 경우든 이들은 매뉴얼 안에서 다툼을 벌일 수밖에 없다.

수학의 눈으로 보면 다른 세상이 열린다

수학은 역사와 동떨어진 채 존재할 수 있을까?

현실세계의 언어와 비교했을 때 수학의 언어는 매우 견고하고 흔들림이 없을 것이라고 생각하는 사람이 많다. 일견 맞는 이야기지만 반드시 그런 것은 아니다. 변화 주기가 길 뿐만 아니라 훨씬 신중하게 진행되긴 하지만 수학에서도 정의는 당연히 바뀔 수 있고 실제로도 수없이 바뀌어왔다. 수학은 종종 사회와 무관하게 학자의 지적 호기심만으로 발전할 수 있다고 생각하지만, 당대에는 그렇게 보였던 경우조차도 지나고 보면 그 시대의 다양한 성과와 한계를 공유한 것이었다.

앞서 유클리드의 《원론》에 등장하는 '점'의 정의를 예로 들면서 주로 고대 그리스 수학이 이룩한 지적 성취를 이야기했지만 한계도 많았다. 우선 고대 그리스는 기하학 중심의 사고를 기반으로 해서 수를 길이로 이해했다. 이 때문에 음수를 사용하지 않았다. 사용하지 않았다는 말은 명확한 개념이 없었다는 말이다. 총 13권으로 구성된 《원론》은 제5권에서부터 제10권까지 수와 비례를 다루는데 대부분 도형을 이용해 설명하기 때문에 정의 자체가 상당히 난해하다. 길이 비율로 유리수와 무리수를 이해하려고도 시도하는데 무리수를 완벽하게 인식하지는 못했지만, 피타고라스 정리로부터 파생된 무리수의 인식 문제를 해결하려고 노력했다.

또한 수에 대한 인식 자체가 양수와 유리수 중심인 데다 아직 10진법과 0을 사용하지 않다 보니 큰 수를 다루는 데도 불편함이 많았고 자연스럽게 산술도 크게 발전하지 못했다. 이 문제는 로마숫자를 생각해보면 간단하다. 10진법과 0을 사용하면 10개의 숫자만 있으면 어떤 큰 수라도 다 표현할 수 있다. 5진법에 가까운 로마숫자 표기법은 1=I, 2=II, 3=III, 4=IV, 5=V, 10=X, 50=L, 100=C, 500=D, 1000=M과 같이 계속 새로운 문자가 등장하기 때문에 큰 수를 표현하고 계산하기에 매우 번잡스럽다. 로마숫자 표기법으로 88=LXXXVIII, 888=DCCCLXXXVIII이다.

대수학의 역사와 방정식 이론 ━━━

재밌는 것은 도형으로 모든 것을 설명하려고 했던 한계 때문에 영역을 넘나드는 설명이 나오기도 한다는 점이다. 수와 식을 다루는 분야를 대수학이라고 한다. 고대 그리스 수학에서는 수식과 관련된 성질도 도형으로 설명하는데 이를 기하적 대수라고 부른다. 다음 그림은 그 간단한 예로, 곱셈전개 공식 $(a+b)^2=a^2+2ab+b^2$을 정사각형 넓이를 이용해 간단히 설명한다.

수학의 눈으로 보면 다른 세상이 열린다

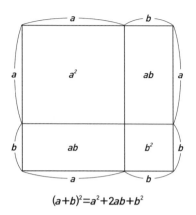

$$(a+b)^2=a^2+2ab+b^2$$

어떤 숫자를 대입해도 항상 성립하는 부등식을 절대부등식이라고 한다. 두 양수 a, b가 주어졌을 때 $\dfrac{a+b}{2}$ 를 산술평균, $\sqrt{ab}$ 를 기하평균이라고 하는데, 둘 사이에는 항상 $\dfrac{a+b}{2} \geqq \sqrt{ab}$ 가 성립한다(단, 등호는 $a=b$일 때 성립한다). 이를 도형으로 증명하면 다음과 같다.

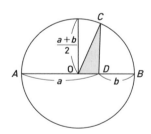

$$\overline{OC} = 반지름 = \frac{a+b}{2}$$

$$\overline{OD} = \overline{OB} - \overline{BD} = \frac{a+b}{2} - b = \frac{a-b}{2}$$

$$\overline{CD} = \sqrt{\overline{OC}^2 - \overline{OD}^2} = \sqrt{\left(\frac{a+b}{2}\right)^2 - \left(\frac{a-b}{2}\right)^2} = \sqrt{ab}$$

$$\overline{OC} \geqq \overline{CD} \rightarrow \frac{a+b}{2} \geqq \sqrt{ab} \; (단, 등호는 a=b)$$

대수학의 역사 대부분은 방정식 이론과 관련돼 있다. 고대 그리스에서는 방정식 이론도 지지부진했다. 이차방정식도 양근을 갖는 경우만 부분적으로 다뤘다. 방정식 이론은 이후 이슬람 문명을 거치며 조금씩 발전했고, 르네상스 시대에는 3, 4차 방정식의 일반해를 구하는 단계까지 나아갔다. 수학공식 하면 쉽게 떠오르는 이차방정식의 근의 공식 $x=\dfrac{-b\pm\sqrt{b^2-4ac}}{2a}$ 를 완벽하게 이해하려면 허수라는 개념이 필요하다. 가장 간단한 방정식 $x^2+1=0$은 실수 범위에서 해가 없다. 하지만 우리는 이미 제곱해서 -1이 되는 수 $\sqrt{-1}=i$의 존재를 알고 있다.

이탈리아의 16세기 수학자 봄벨리는 실수와 동일하게 사칙연산 규칙을 적용할 수 있는 허수를 도입한다. 데카르트가 이를 상상의 수 imaginary number라고 불렀고, 오일러가 여기서 첫 글자를 따서 처음 허수에 i라는 기호를 사용하기 시작했다. 이어서 가우스는 $a+bi$ 꼴로 표현되는 수까지 포함하는 복소수complex number 개념을 도입했다.

수학을 꼭 배워야 하느냐는 질문은 언제나 논쟁적인데, 특히 허수 i에 대해서는 이런 쓸데없는 것을 뭐 하러 배우냐고 묻는 학생들이 많다. 현실에 존재하지도 않는 상상의 수를 알아서 무엇 하냐는 것이다 (이름이 허수라서 더 허무하게 들린다). 그렇지만 그 와중에도 적당한 예시 하나를 찾았다.

$$a_{n+2}=2a_{n+1}-2a_n(a_1=2,\ a_2=0)$$

위와 같이 정의된 수열이 있다고 하자. 순서대로 수를 대입해보면, 다음과 같이 모든 항이 정수인 수열이다.

　　　　　　수학의 눈으로 보면 다른 세상이 열린다

$$a_1 = 2$$

$$a_2 = 0$$

$$a_3 = 2a_2 - 2a_1 = -4$$

$$a_4 = 2a_3 - 2a_2 = -8$$

$$a_5 = 2a_4 - 2a_3 = -8$$

그런데 일반항은 $a_n = (1+i)^n + (1-i)^n$으로 표현된다. 마치 동전을 하나 넣을 때마다 정수를 하나씩 뱉어내는 기계 같다. 이 기계의 작동 규칙은 기계를 해체하기 전까지는 알 수 없는데 허수라는 개념이 없는 사람은 심지어 기계를 해체해서 규칙을 보여줘도 이해할 수 없다. 정수라는 간단한 결과만을 산출하는 식이 허수를 포함하고 있다는 게 신기하지 않은가? 현실에 없는 개념을 빌려다 현실로 보이는 결과를 설명하다니 이 얼마나 놀라운 일인가!

근대로 넘어오면 로그가 발견되면서 큰 수에 대한 계산이 가능해진다. 이는 항해술과 천문학 발달과도 밀접한 연관이 있다. 큰 수의 계산이 필요해서 로그가 발견된 것일까? 로그를 발견해서 큰 수의 계산이 가능해진 것일까? 이런 질문엔 쉽게 답을 하기 어렵다. 수많은 수학적 발견이 이처럼 시대와 맞물려 있다. 큰 수를 계산할 수 있다는 것은 아주 작은 수를 계산할 수 있다는 의미다. 우주를 이해하게 되자, 원자를 이해할 수 있게 됐다. 우리는 너무 작아서 보이지 않는 세계와 너무 커서 볼 수 없는 세계를 모두 끌어안기 시작했다.

어쨌거나 매뉴얼은 완전할 수 없다 ────

　우리에게 경찰은 어떤 이미지일까? 일상의 치안을 지켜주는 고마운 존재이기도 하지만 동시에 부정부패가 자동으로 연상될 만큼 어두운 인상도 켜켜이 쌓여 있다. 드라마와 영화 속 경찰을 보면 묵묵히 제역할을 하는 경찰은 항상 억울하게 당하고 손해 보는 경우가 대부분이다. 길고 길었던 군사독재정권 시절을 지나고, 1987년에 대통령 직선제가 실시된 후에도 노태우, 이명박, 박근혜 등 세 명의 전 대통령이 감옥에 갔고 권력자와 공권력에 대한 불신 또한 일상적으로 팽배하다.

　기사를 보면 외국에서는 경찰관들이 종종 처우개선을 요구하며 시위를 벌이는 것을 볼 수 있다. 우리에겐 너무 낯선 모습이다. 소방관 시위는 그보다 더 자주 열린다. 각종 소방도구를 사용할 때도 있어 시위효과가 굉장히 강력하다. 한국에서는 좀처럼 상상하기 어려운 일이다.

　프랑스에서는 경찰도 노동조합을 결성할 수 있다. 정치적 의사표시도 자유롭게 할 수 있다. 근무시간이 아니라면 집회, 시위도 얼마든지 참여할 수 있다. 경찰도 시민이자 노동자로 보기 때문이다. 하지만 한국에서는 아니다. 경찰공무원 기본강령을 보면 호국, 충성, 봉사, 복종, 규율과 같은 덕목들이 강조될 뿐 시민이자 노동자로서의 존재는 전혀 드러나지 않는다.

　개인보다는 국가나 집단을 우선시하는 문화적 토대, 길고 긴 권위주의 시대를 지나왔던 역사적 배경이 결합돼 나타난 결과다. 한국사회는 집단과 권위에 충성할 것을 강조한다. 그만큼 권력형 비리 또한 만연하다. 경찰노조 허용은 여전히 경찰개혁의 중요 과제 가운데 하나다.

　　　　　　　　　　　　　　수학의 눈으로 보면 다른 세상이 열린다

언어가 세상을 규정하기도 하지만, 거꾸로 변화된 세상이 언어를 바꾸기도 한다. 우리는 모두 법의 통치를 받지만 우리의 의지로 법을 바꾸기도 한다. 이것이 인간세상이다. 우리는 완벽할 수 없기 때문에 제도를 만들고 법률을 만들고 매뉴얼을 만든다. 때로는 사람이 그 언어 체계를 악용하기도 한다. 어떤 규정으로 이득을 보는 사람과 손해를 보는 사람이 동시에 발생할 수도 있다. 이로 인해 갈등이 생기면 어떤 선택을 해야 할까? 최대한 매뉴얼로 인해 불합리한 상황이 발생하지 않도록 다듬고 또 다듬어야 하겠지만 어쨌거나 매뉴얼은 완전할 수 없다. 동시에 시대상황과 무관할 수도 없다.

　매뉴얼에 익숙하지만 정작 경찰이 돼야 하는 이유를 완벽하게 설명하지 못하는 한정오도, 사명감 하나로 버텨온 오양촌도, 매사 몸부터 움직여 일을 키우는 염상수도 그 사실을 잘 알고 있다. 너무나 다른 사람들이 모두 각자의 방식대로 매뉴얼에 익숙해져간다. 그리고 상처받는다. 다시 일어선다.

- 수학 교과서에 있는 용어 10개를 선택해서 정의를 정확히 알고 있는지 확인 해보자.
- 정의를 정확히 모르는 수학용어를 선택해서 자신이 정의를 내려보자. 그리고 교과서의 정의와 비교해보자. 자신이 내린 정의에 따를 경우 어떤 문제가 생기는지 알아보자.
- 일상생활과 수학에서 동시에 쓰이는 용어를 찾아보고 그 정의와 쓰임이 어떻게 다른지 찾아보자.
- 법률 용어에 포함된 용어의 정의를 찾아보고 그에 따른 순작용과 부작용을 생각해보자.

교과과정 연계
중학교 수학 1: 기본도형
중학교 수학 3: 다항식의 곱셈과 인수분해
고등학교 수학: 복소수와 이차방정식
고등학교 수학 1: 수열
고등학교 미적분: 미분법

수학의 눈으로 보면 다른 세상이 열린다

그리스인들에게 이상적인 비율은 이성적인 것이었고
동시에 아름다운 것이었다.

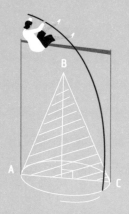

5

·

종교와 수학은
양립 가능할까?
〈라이프 오브 파이〉

무리수라는 말에는 감정이 들어 있다

무리수無理手

「명사」 바둑에서 과욕을 부려 두는 수.

「명사」 도리나 이치에 맞지 않거나 정도에 지나치게 벗어나는 방식을 비유적으

　　로 이르는 말.

무리수無理數

「명사」 수학에서 실수이면서 분수의 형식으로 나타낼 수 없는 수.

　표준국어대사전에는 무리수라는 말이 위와 같이 풀이돼 있다. 우리가 일상적으로 사용하는 무리수無理手라는 표현과 수학용어인 무리수無理數에는 모두 무리無理라는 한자가 포함돼 있다. 무리無理는 한자 뜻 그대로 풀이하면 이치에 맞지 않는다는 의미다.

　$\frac{1}{4}$, $\frac{2}{1}=2$, $0.7=\frac{7}{10}$, $\frac{1}{3}=0.33333\cdots$ 등은 모두 분수 꼴로 표현되므로 유리수이다. $\sqrt{2}=1.4142135623\cdots$, $\pi=3.141592653589793\cdots$(원주율=원의 지름과 둘레의 길이 비)처럼 순환하지 않는 무한소수는 분수 형태

　　　　　　　　　　　　수학의 눈으로 보면 다른 세상이 열린다

로 나타낼 수 없는 무리수이다.

유리수有理數를 한자 그대로 풀이하면 이치에 맞는 수다. 반대로 무리수無理數는 이치에 맞지 않는 수다. 영어로 유리수는 rational number, 합리적인(이성적인) 수를 뜻하고 무리수는 irrational number, 비합리적인(비이성적인) 수를 뜻한다. 한자어 유리수와 무리수는 이를 의역한 것이다.

그런데 무리수의 원래 정의는 '분수의 형식으로 나타낼 수 없는 수'이므로 '비합리적인(비이성적인) 수'와는 그 의미가 다르다. 보통 수학용어는 의미가 명확한 단어를 사용한다. 수학용어에는 감정이 결여돼 있다. 그런데 비합리적이라는 말에는 감정이 섞여 있다. 수학에서 이런 표현은 좀처럼 찾아보기 힘들다. 왜 이런 이상한 용어가 생긴 것일까? 이 글은 무리수에 관한 이야기이며 우리 삶에 관한 이야기이다.

가장 어울릴 것 같지 않은 두 세계의 공존 ━━━

역사 속에 최초로 등장하는 무리수는 2의 양의 제곱근 $\sqrt{2}$ 이다. 이 숫자는 피타고라스 정리와 관련이 깊다. 직각삼각형의 세 변 a, b, c 가운데 가장 긴 변을 c라고 했을 때 항상 $c^2=a^2+b^2$을 만족한다는 게 피타고라스 정리다. 대표적으로 $5^2=3^2+4^2$, $13^2=5^2+12^2$ 등이 있다. 그런데 문제가 생겼다. $a=b=1$인 경우에는 $c^2=2$가 되는데 이 조건을 만족하는 유리수 c를 찾을 수 없었던 것이다.

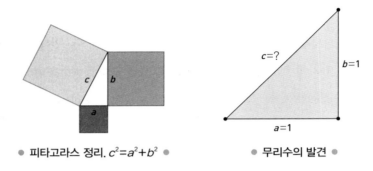

● 피타고라스 정리. $c^2 = a^2 + b^2$ ●　　　● 무리수의 발견 ●

$1.4^2 = 1.96$, $1.5^2 = 2.25$이므로 c는 1.4와 1.5 사이에 있다.

$1.41^2 = 1.9881$, $1.42^2 = 2.0164$이므로 c는 1.41과 1.42 사이에 있다.

$1.414^2 = 1.999396$, $1.415^2 = 2.002225$이므로 c는 1.414와 1.415 사이에 있다.

이런 식으로 계속 계산하면 끝없이 순환하는 $c = 1.4142135623\cdots$이 나온다. 물론 우리는 이 값을 $c = \sqrt{2}$ 라고 쓰고 있다. 무리수가 정확히 언제부터 사용됐는지는 미지수다. 피타고라스보다 약 1500년 이상 앞선 시기에 제작된 메소포타미아 지역에서 발견된 점토판에는 $\sqrt{2}$ 의 근삿값이 비교적 정확하게 적혀 있고, 피타고라스 정리에 들어맞는 직각삼각형의 세 변의 길이도 여러 개 발견됐다. 학자들은 인도나 중국에서도 피타고라스 정리와 같은 내용을 알고 있던 것으로 추측한다. 어쨌거나 이 정리는 유클리드의 《원론》에 등장하면서 피타고라스에게 절대적인 권위를 부여하게 됐다.

고대 그리스의 정신세계에서는 수학이 매우 중요한 역할을 수행했다. 그리스인은 수학이야말로 가장 논리적이고 이성적이며 신의 세계에 가까운 언어라고 생각했다. 현상의 배후를 지배하는 수학적 질서를

　　　수학의 눈으로 보면 다른 세상이 열린다

중요하게 여겼고 여기에는 다양한 종류의 비례와 비율이 포함된다.

이집트가 내세와 신의 세계를 강조했던 데 반해 그리스는 상대적으로 현세와 인간의 세계를 긍정했다. 그래서 생생하게 살아 움직이는 인간의 모습을 최대한 현실 그대로 묘사하려 노력했다. 이때 가장 중요한 것은 사물과 인체의 정확한 비율(이상적인 비율)을 찾는 일이다. 이런 사고방식은 수학적 사고와 불가분의 관계에 있다. 그리스인들에게 이상적인 비율은 이성적인 것이었고 동시에 아름다운 것이었다. 그리스에서는 철학, 미학, 자연과학, 종교, 수학이 모두 깊이 연결돼 있었다.

라틴어로 라티오ratio는 비比를 의미한다. 여기에서 파생된 형용사가 합리적(이성적)이란 뜻의 rational이다. 그러니까 이 단어에는 일면 '비율에 맞는'이란 의미가 담겨 있다. 유클리드는 《원론》에서 유리수와 무리수에 대해 말하며 자연수와 자연수의 비로 나타낼 수 있는 수와 나타낼 수 없는 수라는 정의를 사용한다. 따라서 어원을 고려하면 유비수有比數나 무비수無比數라는 표현이 더 정확하다. 피타고라스학파는 $\sqrt{2}$를 비율이 아니므로 말할 수 없다는 뜻으로 알로곤alogon이란 이름을 붙였다.

피타고라스가 살던 때는 신화의 시대였다. 사람들은 제우스가 분노해 던진 창이 번개가 된다고 믿었다. 피타고라스학파도 디오니소스를 숭배했다. 지진은 죽은 자들의 모임이며, 천둥은 죽은 자들이 산 자를 겁주는 위협이라는 식의 신화적 상상력을 폭넓게 동원했다. 인도와 이집트의 영향 아래 동양의 다양한 종교적 전통도 받아들였다. 금욕주의적 자기 수양을 강조했고, 윤회설을 믿었다. 그들은 이렇게 인간이 던질 수 있는 근본적 질문들에 초보적인 형태로 답을 내놓았다.

어떤 답은 아주 훌륭했지만 어떤 답은 아주 형편없었다. 여기에는 신비주의와 수학, 신앙과 이성, 동양과 서양 등 자칫 상호 모순적으로 보일 수 있는 요소들이 모두 포함돼 있다. 요컨대 그들은 수학의 언어로 신비주의를 설파했다. 가장 어울릴 것 같지 않은 두 세계를 한데 버무렸다. 그것은 이미 갈등이 내재된 언어였다.

수학의 눈으로 보면 다른 세상이 열린다

수학과 종교는
진리를 갈구하는 사람들의 언어

영화 〈라이프 오브 파이〉는 얀 마텔의 베스트셀러를 영화화한 이안 감독의 작품이다. 소설의 경우 국내에는 《파이 이야기》라는 제목으로 출판됐다. 《파이 이야기》는 액자소설이다. 파이가 자신을 찾아온 소설가에게 이야기를 들려주는 형식이다.

파이가 태어난 곳은 인도 퐁디셰리로 프랑스 식민지였다가 막 해방된 곳이다. 해안가 마을은 프랑스 남부 분위기를 풍기지만 마을 한복판 수로를 건너면 전형적인 인도 마을이다. 서쪽으로는 이슬람 구역이 자리하고 있다. 길 하나를 사이에 두고 전혀 다른 풍경을 보여주며 영화는 시작된다.

시공간은 물론 등장인물들도 복합적이다. 파이의 어머니는 독실한 힌두교 신자다. 어머니는 하층계급과 결혼했다고 부모로부터 버림받은 상류층 출신으로 여전히 전통적인 인도의 가치관을 갖고 있다. 반면 아버지는 독립을 이룬 인도가 서구 민주주의에 기초한 현대국가로 탈바꿈하길 바란다. 소아마비를 앓고 신을 찾았지만 정작 아버지를 살린 건 서양의학이었다. 파이의 아버지는 이성과 합리성을 중시하는 서구 근대성을 상징한다. 아버지는 파이에게 "세상의 어떤 종교를 믿는 것보다도 이성을 믿는 게 어떠냐? 우주를 이해하는 데 과학은 수백 년이 걸렸지만 종교는 1만 년이나 걸렸다."라고 말한다. 그러자 파이 어머니는 자신의 손바닥으로 가슴을 짚으며 "과학은 세상을 가르쳐줄 순 있지만 여기 있는 건 가르쳐주지 못한다."라고 응수한다.

1954년 프랑스가 퐁디셰리를 인도에 반환하자 사업가인 아버지는 호텔을 접고 식물원 자리에 동물원을 낸다. 그렇게 인도에서 동물원을 운영하던 파이 가족은 동물원에 대한 정부 지원이 끊기자 캐나다로 이민을 준비한다. 수많은 동물과 함께 화물선을 타고 태평양을 건너는 도중 예상치 못한 폭풍우를 만나 화물선은 침몰하고 가까스로 구명보트에 올라탄 파이는 목숨을 건진다.

이어서 다리를 다친 얼룩말, 굶주린 하이에나, 바나나 더미를 타고 온 오랑우탄이 합류한다. 그리고 보트 안쪽에는 벵골 호랑이 리처드 파커가 웅크리고 있다! 〈라이프 오브 파이〉는 파이가 이 작은 구명보트 안에서 기적처럼 살아남아 태평양을 건너는 이야기다.

그런데 하필 왜 주인공 이름이 파이일까? 아버지의 친구이자 수영 선생님이었던 마마지는 파리에 있는 피신 몰리토piscine molitor 수영장을 다녀온 뒤, "아들이 깨끗한 영혼을 갖기 바라면 피신 몰리토 수영장에 데려가라."고 조언한다. 힌두교도들에게 물에 몸을 담그는 행위는 영혼의 정화를 의미한다. 아버지는 이 이야기를 듣고 주인공 이름을 피신 몰리토 파텔로 지었다.

그런데 피신이 피싱pissing(오줌싸개)과 발음이 유사해 놀림거리가 되자 파이는 이를 타개할 아이디어를 낸다. 수업시간에 이름이 호명될

수학의 눈으로 보면 다른 세상이 열린다

때마다 자기 이름을 피신의 약자 파이pi로 불러달라며 밑도 끝도 없이 원주율 π를 외우기 시작한 것이다(원주율 외우기 대회를 검색해보라. 세상엔 생각보다 다양한 세계가 존재한다). 결국 칠판 네 개를 가득 채울 정도로 원주율의 근삿값을 정확히 외운 피신은 전설의 파이로 다시 태어났다. 그러나 원주율에 끝이란 없다. 단지 칠판 네 개에 적을 분량을 외운 것일 뿐.

파이는 어떤 사람이기에 태평양에서 배가 난파된 악조건에서도 살아남을 수 있었을까? 우선 파이는 종교를 세 개나 가지고 있다. 힌두교, 기독교(천주교), 이슬람교를 동시에 믿으며 대학에서는 유대교의 신비주의를 강의한다. 파이는 맨 처음 힌두교를 믿게 된 이유에 대해 "신은 소개를 받아야 아는 건데 처음 소개받은 게 힌두였다."라고 말한다.

그다음 예수를 알게 되고 올린 기도는 "예수를 만나게 해줘서 감사합니다. 비슈누님."이었다. 이슬람교는 그에게 "기도를 하면 바닥은 성지가 되고 마음이 편해지는" 종교이다. 파이의 태도는 역설적으로 범신론이나 불가지론에 가까워 보인다. 파이 아버지는 "동시에 세 개의 종교를 믿는 것은 아무것도 믿지 않는 것과 같다."라고 말한다.

파이가 이해할 수 없는 재난을 대하는 태도는 얼핏 보면 그의 어머니의 세계를 닮아 있다. 채식주의자인 파이는 항해 도중 생존을 위해 어쩔 수 없이 물고기를 먹게 된다. 그는 물고기의 죽음에 미안해하며 물고기로 나타나 자신을 살려준 비슈누 신에게 감사해한다. 리처드 파커의 존재에 대해서도 고마움을 표한다.

이성적인 운명론자 파이 ━━━━━

"…리처드 파커가 있어서 마음이 놓인다. 녀석도 나처럼 험한 세상에 대한 경험이 별로 없다. 둘 다 같은 주인master(부모님) 밑에서 편히 살아왔고 이젠 진짜 주인ultimate master(신)의 처분을 기다리는 신세다. 리처드 파커가 없었다면 난 지금쯤 죽었을 거다. 난 녀석을 보며 긴장했고 녀석을 돌보는 것에 삶의 의미를 두었다."

결정적인 순간마다 파이는 피타고라스처럼 신비주의자의 면모를 보인다. 퍼붓는 폭풍우 사이로 내비치는 햇살과 섬광처럼 번쩍이는 번개를 보며 "신을 경배하라! 온 세상의 신이시여! 온정과 자비의 신이시여! 너무 아름답다."라고 외치거나 죽음을 앞둔 위기 앞에서 드디어 신이 우리를 찾아왔다고 흥분한다. 파이는 신이 언제나 자신을 지켜보고 있다고 생각한다.

"…그 섬을 못 찾았으면 난 죽었을 거예요. 신이 날 버리셨다 생각했는데 지켜보셨던 거죠. 내 고통에 무심하다 생각했는데 지켜보셨던 거예요. 구조될 희망을 버렸을 때 휴식을 주시고 여행을 계속하란 계시를 내리셨죠."

하지만 파이는 단지 믿음에만 의존해서 사태를 헤쳐나가는 게 아니라 매 순간 이성적인 판단을 총동원해 생존방법을 터득한다. 특히 구명보트에서 발견한 생존 지침서가 핵심적인 역할을 한다. 빗물을 받아 식수로 쓰고, 직접 만든 낚싯대로 생선을 낚아 배를 채우고, 돛을 만들어 바람을 다스리고, 가림막을 설치해 태양을 피한다. 위치는 해류 지도를 보고 파악한다. 심지어 지침서에는 육식동물과 함께 살아남았을 때 동물을 조련하는 방법까지 설명돼 있는데, 결국 리처드 파커를 길들이는 데도 성공한다. 요컨대 생존 지침서는 아버지의 언어인 이성과 과학이 집약돼 있는 또 다른 삶의 방식인 셈이다.

파이의 이런 복합적인 태도는 관객을 아리송하게 만든다. 어떨 때는 굉장히 비상하고 영리한 수학자나 공학자 같다가 어떨 때는 소극적이고 무기력한 운명론자 같다. 파이라는 이름처럼 수학적인 메커니즘에 익숙한 사람으로 보이다가도 결정적인 순간에는 대책 없이 신의 이름을 부르는 미치광이처럼 보이기도 한다.

파이가 물을 마시러 처음 성당을 찾아갔을 때 신부가 건넨 말은 "너 목마르구나You must be thirsty."였는데, 리처드 파커의 원래 이름은 목마른thirsty이었다. 파이가 진리에 목마른 사람임을 상기하길 바란다. 수학과 종교는 진리를 갈구하는 사람들의 언어라는 점에서 상통한다. 대부분은 수학의 언어와 종교의 언어가 가장 먼 대척점에 위치해 있다고 생각하지만 인류의 역사를 조금만 살펴보아도 이 둘이 매우 밀접하게 연결돼 있다는 사실을 알 수 있다. 애초에 종교, 수학, 과학, 철학은 그 뿌리가 같다. 파이라는 이름은 질서와 무질서, 수학적 사고와 신비주의가 공존하는 복잡한 태도를 상징한다.

모든 것을 명쾌하게 이해할 수 있는 삶은 없다 ━━━

영화 〈라이프 오브 파이〉의 핵심은 역시 파이와 리처드 파커의 관계다. 파이와 리처드 파커와의 첫 만남은 상당히 인상적이다. 동물원 호랑이와 교감을 시도한 파이는 눈을 보면 동물에게도 영혼이 있다는 걸 알 수 있다고 말한다. 하지만 아버지(이성)는 "짐승(자연)은 짐승일 뿐이며 친구가 될 수 없다. 그걸 잊어버리는 순간 목숨을 잃는다."라고 나무란다. 아버지는 짐승의 눈에서 보이는 건 그 눈에 비춰진 자신의 감정일 뿐, 아무것도 아니라고 단정한다.

아버지의 세계에서 호랑이는 잡아먹히지 않으려면 먼저 제압해야 하는 대상이다. 적어도 구명보트라는 좁은 공간에서 사투를 벌이는 관계일 때 파이와 리처드 파커는 아버지의 인식과 궤를 같이했다. 하지만 둘은 자연이라는 거대한 두려움 앞에서 점차 동료가 돼간다. 파이는 리처드에게 말을 건네기도 하고 리처드를 베고 누워 별을 바라보기도 한다. 파이는 리처드와 대화했으며 교감했다고 생각했다. 비어 있던 삶, 의미가 없던 삶이 리처드로 인해 채워졌다고 생각했다. 처음엔 생존경쟁을 하면서, 그다음엔 협력하고 공존하면서 파이는 살아가는 이유를 찾았다.

그런데 리처드는 육지에 이르렀을 때 한마디 인사도 없이 뒤도 돌아보지 않고 사라졌다. 파이는 다시 삶의 이유를 잃었고 배신감에 사로잡혔고 무엇보다 외롭고 두려워서 펑펑 울었다. 하나의 세계가 붕괴됐다가 다시 구축됐고 또다시 붕괴됐다. 파이는 홀로 남겨졌다. 파이가 두려워한 것은 죽음이나 고통 그 자체가 아니었다. 파이는 제 언어로 해석되는 고난은 크게 두려워하지 않았다. 죽음을 앞둔 순간에도 드디어 신이 날 찾아왔다며 기뻐하기까지 했다. 파이를 제일 고통스럽게 한 건 언제나 준비되지 않은, 즉 해석되지 않는 이별이었다.

수학의 눈으로 보면 다른 세상이 열린다

원인을 알 수 없는 고난과 시련이 들이닥쳤을 때 파이는 리처드라는 타자와 싸우고 친해지고 부대끼면서 삶의 의미를 되찾았다. 물론 그 과정에서 아버지의 도움(동물 조련)을 얻기도 했다. 어느 순간부터 파이 에게 리처드는 삶의 이유가 됐다. 파이 이야기는 리처드와 함께 한 이 야기이고 파이는 시련을 함께 극복한 리처드의 친구로 존재했다.

하지만 리처드는 그저 리처드였다. 사실 파이는 리처드를 이해한 것 도 정복한 것도 아니었다. 무언가를 공유한 것도 아니었다. 물론 그와 함께 한 시간만큼은 분명히 존재했다. 그러나 그 시간들은 파이의 언 어로, 파이의 가치로 환산되지 않는다. 리처드에게 투영했던 모든 감 정은 파이만의 것이었을까? 파이는 아버지의 이야기를 떠올린다. 호랑 이 눈을 통해 보게 되는 것은 단지 거기 투영된 자신의 모습일 뿐이라 던. 하지만 파이는 끝내 여운을 남긴다.

"아버지가 옳으셨어요. 리처드 파커에게 난 친구가 아니었어요. 생사를 같이했 는데 돌아보지도 않고. 하지만 녀석의 눈에 비춰진 게 결코 내 모습만은 아니었 어요. 틀림없어요. 난 느꼈거든요. 비록 입증은 못 하더라도."

파이는 리처드 파커와의 이별을 끝내 해석하지 못했다. 반면 아버지 와의 이별은 새로운 화해의 길을 열어주었다. 아버지가 살아 있을 때 파이는 아버지의 언어를 따분해했다. 재미없다고 학교를 열심히 다니 지도 않았다. 그러나 마지막에 그가 가장 슬퍼한 건 아버지와의 이별 이었다.

"하지만 가장 가슴 아픈 건 작별인사조차 못 했다는 거죠. 아버지한테 감사할 기회가 없었어요. 그분의 가르침이 없었다면 살아남지 못했을 거예요."

파이가 종교를 세 개나 믿었던 것도, 아버지의 언어를 싫어했지만 결국 아버지와 화해하고 감사한 마음을 갖게 된 것도 모두 같은 이유다. 파이는 진리를 갈구했다. 거기엔 종교도 수학도 모두 필요했다. 탐구자에게 가장 필요한 것은 겸손이다. 겸손이란 한 가지 방법이 절대적으로 옳다는 오만에 빠지지 않는 것이다.

파이가 현실과 판타지가 뒤섞인 이야기를 통해 하고 싶은 말은 이것 아니었을까? 파이가 어떤 방법으로 살아남았든 중요한 건 삶을 대하는 태도라고. 파이가 겪은 이야기를 다 듣고 난 후 의미를 이해하기 쉽지 않다는 소설가에게 파이가 되묻는다. "이미 일어난 일에 무슨 의미가 필요해요?" 이야기는 미궁 속에서 길을 찾지 못하고 끝나는 것처럼 보인다.

우리 인생과 이 세계에는 정답이 있어야 한다는 강박이 있다. 우리는 한 시도 이 태도 앞에 굴복하지 않은 적이 없다. 이 세상에 답이 없다면 왜, 어떻게 살아간단 말인가! 시작도 끝도 알 수 없는 만남과 이별에 대해, 끝내 인식 불가능했던 리처드에 대해 생각한다. 정답을 찾으려는 노력은 정직하게 보상받지 못할 때가 많다. 진실에 가 닿으려는 노력은 오히려 텅 빈 공허함으로 돌아올 수 있다. 채우면 다시 비고 채우면 다시 비는. 그러나 어쨌거나 그 노력이 의미를 만들어낸다. 실패를 모르는 사람은 고통에 대해 해석하지 못한다.

모든 것을 명쾌하게 이해할 수 있는 삶이란 없다. 완벽하게 해석할

수학의 눈으로 보면 다른 세상이 열린다

수 없더라도 우리는 계속 살아간다. 어느 순간에는 다른 존재에 의지해서 살게 되더라도 어쨌거나 살아간다. 파이는 리처드 파커를 해석하지 못했어도 리처드 파커 덕분에 살았다. 파이는 리처드 파커 없이 살수 있었을까? 무사히 육지에 도달할 수 있었을까? 리처드 파커를 호랑이가 아니라 파이의 또 다른 자아로 이해해도 이 질문은 똑같은 무게로 유효하다.

'지나간 것은 지나간 대로 그런 의미가 있죠.'라는 가사를 들을 때마다 지시할 것이 없는 지시형용사 '그런'의 의미를 생각한다. 이 노래를 들으며 고개를 끄덕거리는 이유는 우리 자신만이 알 수 있다. 마치 무리수 π는 실존하나 단순히 숫자로 표현할 수 없는 것처럼, 익숙한 언어로 표현하지 못한다고 해서 존재하지 않는 것이 아니듯이 해석 불가능한 삶도 그런 의미가 있다.

존재하지만 증명하기 어려운 것들에 접근하는 방법

피타고라스학파가 만물이 수로 이뤄져 있다고 말할 때 그 수는 유리수이다. 유리수는 곧 정수와 정수 사이 비율(나누기)을 의미한다. $1 : 2$로 나눠 갖는다는 말은 전체를 $\frac{1}{3} : \frac{2}{3}$로 분배한다는 말과 같다. 따라서 피타고라스학파가 이해할 수 있는 수는 유리수까지였다. 피타고라스학파는 수많은 자연법칙이 정수비로 이뤄져 있다고 생각했다. 이런 믿음 덕분에 증명할 수도 없으면서 천체 운행이 간단한 정수비로 표현된다고 주장했다. 현악기에서 줄의 길이를 정수비로 설정해 음계를 파악하기도 했다.

유리수로 표현되지 않는 수를 발견한 피타고라스학파는 당연히 패닉에 빠졌다. 믿음이 흔들릴 때 사람들은 새로운 돌파구를 찾는다. 피타고라스학파는 진실을 의도적으로 외면하는 길을 택했다. $\sqrt{2}$와 동일한 유리수를 아직 찾지 못했을 뿐이며 그 유리수가 발견될 때까지 $\sqrt{2}$를 '한 변의 길이가 1인 정사각형의 대각선'으로 이해하면 된다고 생각했다.

물론 이것은 편법이다. 자신들도 그 사실을 잘 알고 있었기 때문에

수학의 눈으로 보면 다른 세상이 열린다

무리수의 존재를 비밀에 부쳤다. 피타고라스학파의 일원인 히파수스가 무리수의 존재를 세상에 알리려 했고 그래서 살해당했다는 이야기는 진위 여부가 불분명하지만 개연성은 충분하다.

원래 균열은 미세한 곳에서 시작된다. 해명되지 않는 사실 하나가 당장 사고체계 전반을 허무는 건 아니지만 의심은 점점 커져간다. 당대는 물론 후세에까지 강력한 영향을 끼쳤던 피타고라스학파의 전진은 무리수의 발견 앞에서 멈춰버렸다. 그들은 인식 불가능한 숫자에 '비합리적인 수'라는 이름을 붙였다. 수라는 무감정의 개념에 감정을 담아 용어를 만든 까닭은 한계에 봉착한 자신의 세계를 구해내기 위해서다. 자신이 무지한 게 아니라 수가 불합리한 것이므로 그들의 세계는 여전히 완벽하다고 믿었다. 진리를 탐구하는 원동력이었던 믿음이 진리를 가로막는 한계로 바뀌었다.

존재하지만 정확한 값을 알기 어려운 무리수 ━━━

무리수를 인정하고 난 다음에도 어려움은 계속됐다. 무리수와 유리수를 합쳐 실수real number라 부른다. 실수는 말 그대로 실제 존재하는 수라는 뜻이다. 수직선상에 숫자를 꽉 채운 게 실수다. 하지만 일상생활에서 길이를 잴 때 $\sqrt{2}$ 나 π와 같은 숫자를 사용하지는 않는다. 무리수의 어려움은 그 값을 정확히 알기 어렵다는 데 있다. 분명히 존재는 하는데 그 값을 어떻게 알아낼까? 여전히 이 질문에 답하지 못하는 무리수가 많다.

$\sqrt{2}$ 가 유리수가 아니라는 최초의 증명은 유클리드의 《원론》에 나온

다. 그런데 이 증명은 $\sqrt{2}$ 가 무리수라는 존재성existence 증명이다. 무리수라는 사실을 알아도 정확한 값은 알 수 없는 증명이다. 실수의 가장 중요한 특징 중 하나는 대소 비교가 가능하다는 것이다. 앞서 보았듯 간단한 대소 비교를 통해 $\sqrt{2}$ 의 근삿값을 구할 수 있다. $\sqrt{2}$ 는 제곱하면 2가 되는 수, 즉 방정식 $x^2=2$의 해 가운데 하나이다. 이는 함수 $f(x)=x^2-2$와 x축과의 교점의 x좌표를 의미한다.

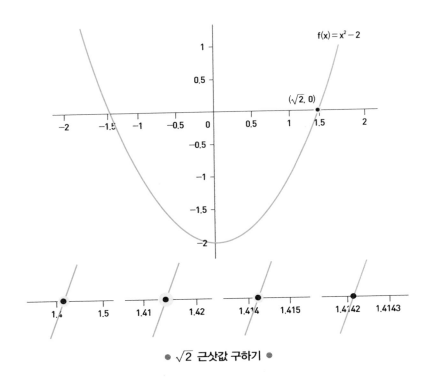

● $\sqrt{2}$ 근삿값 구하기 ●

사잇값 정리

함수 $f(x)$가 닫힌 구간 $[a, b]$에서 연속이고 $f(a) \neq f(b)$이면 $f(a)$와 $f(b)$ 사이에 있는 임의의 값 k에 대해 $f(c)=k$인 c가 열린 구간 (a, b)에 적어도 하나 존재한다.

수학의 눈으로 보면 다른 세상이 열린다

사잇값 정리에 따르면 $a < b$일 때, $f(a) < 0$, $f(b) > 0$이면 $f(c) = 0$인 c가 a와 b 사이에 존재한다. 사잇값 정리를 이용해서 $\sqrt{2}$의 근삿값을 정교하게 구할 수 있다.

$f(1.4) = 1.4^2 - 2 = 1.96 - 2 < 0$, $f(1.5) = 1.5^2 - 2 = 2.25 - 2 > 0$이므로 $\sqrt{2}$는 1.4와 1.5 사이에 있다.

$f(1.41) = 1.41^2 - 2 = 1.9881 - 2 < 0$, $f(1.42) = 1.42^2 - 2 = 2.0164 - 2 > 0$이므로 $\sqrt{2}$는 1.41과 1.42 사이에 있다.

$f(1.414) = 1.414^2 - 2 = 1.999396 - 2 < 0$, $f(1.415) = 1.415^2 - 2 = 2.002225 - 2 > 0$이므로 $\sqrt{2}$는 1.414와 1.415 사이에 있다.

이 방법은 앞서 등장한 단순 연산을 통한 근삿값 산출과정을 함수를 통해 정식화했다고 보면 된다. 세제곱을 해서 2가 되는 수를 $\sqrt[3]{2}$라 쓴다. 이 역시 $f(x) = x^3 - 2$의 그래프와 x축과의 교점의 X좌표를 의미하고 대소 비교를 통해 근삿값을 정교하게 구할 수 있다. $\sqrt{2}$, $\sqrt[3]{2}$와 같은 수들을 거듭제곱근이라 부르는데 이들이 가장 간단한 무리수에 속하며 위와 같은 방법으로 근삿값을 알아낼 수 있다.

π의 실체는 어떻게 알아냈을까? ━━━

원주율 π의 정확한 값을 찾는 과정은 이보다 훨씬 어렵다. 그래서 π와 같은 수를 초월수transcendental number라고 부른다. 인식을 초월한 수라는 뜻으로 π는 무리수라는 사실조차 증명하기 매우 어렵다. 같은 무리수라도 거듭제곱근을 이해하는 것과는 차원이 다르다. 원에서 지름과 둘레 길이 비를 나타내는 π는 이처럼 실체를 온전히 파악하기 힘든 수이기 때문에 역사적으로 여러 근삿값이 사용됐다. 고대 이집 트인은 $\frac{256}{81}=3.1605$, 고대 바빌로니아인은 $\frac{25}{8}=3.125$, 아르키메데스는 $3.1408\langle\pi\langle3.1429$, 중국 조충지는 $\frac{355}{113}=3.141592$로 계산하는 등 정교한 계산법이 나오기 전까지 다양한 값들이 사용됐는데 이 가운데 아르키메 데스가 구한 방법이 수학적으로 가장 의미가 크다. 반지름이 1인 원이 있 다고 하면 지름은 2이므로 둘레 길이는 2π이다. 이 원의 둘레 길이(근삿 값)를 정확하게 알아낼 수 있다면 π의 근삿값도 비교적 정교하게 구할 수 있다.

아래 그림처럼 각각 원 내부와 외부에 접하는 정육각형을 그리면 다 음과 같은 대소 관계가 성립한다.

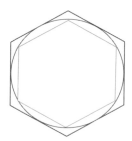

내접하는 정육각형의 둘레 길이〈 원 둘레 길이=2π〈 외접하는 정육각형의 둘레 길이

또한 각각 원 내부와 외부에 접하는 정십이각형을 그리면 다음과 같 은 대소 관계가 성립한다.

수학의 눈으로 보면 다른 세상이 열린다

내접하는 정십이각형의 둘레 길이 〈 원 둘레 길이=2π 〈 외접하는 정십이각형의 둘레 길이

이를 일반화시키면 다음 부등식이 성립한다.

내접하는 정n각형의 둘레 길이 〈 원 둘레 길이 2π 〈 외접하는 정n각형의 둘레 길이

n이 커질수록 원 둘레 길이 2π는 점점 격차가 작아지는 두 값 사이에서 근삿값의 범위가 줄어들게 된다. 이런 방식으로 2π의 근삿값을 구한다. 여기서 양변을 2로 나눠주면 원주율 π의 근삿값이 나온다. 고대 그리스 시대에는 극한 개념이 없었다. 그래서 아르키메데스는

n	내접도형의 둘레 길이÷2	외접도형의 둘레 길이÷2
6	3.0000000000	3.4641016151
12	3.1058285412	3.2153903092
24	3.1326286133	3.1596599421
48	3.1393502030	3.1460862151
96	3.1410319509	3.1427145996

● 아르키메데스의 π 근삿값 구하기 ●

$n=96$일 때까지 계산해서 π의 근삿값을 3.14까지 맞혔다.

아르키메데스의 방법이 중요한 이유는 단지 정교하기 때문만은 아니다. 아르키메데스는 측량이 아니라 논리를 사용해 근삿값을 구했다. n값에 따라 얼마든지 더 정교한 근삿값을 구할 수 있고 n을 무한대로 보낼 때 양변 사이에 낀 극한값이 π로 수렴하므로 결국 무리수가 무한 개념과 연결돼 있다는 것도 이를 통해 알 수 있다. 이렇게 도형을 연구하는 데 극한 개념을 사용한 것은 현대수학으로 이어지는 중요한 족적이다.

이처럼 수학에서는 직접 그 실체를 알 수 없을 때 간접적인 증명방식을 사용하는 경우가 많다. 대소 비교를 이용해 극한값을 구하는 것역시 자주 쓰이는 간접 증명방식이다. 이런 복잡한 방법을 통해서만우리는 파이의 실체에 접근할 수 있다. 마치 영화 속 파이의 존재가 그런 것처럼.

수학의 눈으로 보면 다른 세상이 열린다

- 영어와 한자로 번역된 수학용어를 알아보고 그 의미를 생각해보자.
- $\sqrt{2}$ 가 무리수임을 직접 증명해보자.
- 고대 그리스 시대에는 왜 극한 개념이 없었을까?
- 아르키메데스가 파이의 근삿값을 구한 방법과 삼각함수의 극한을 이용해 원의 넓이를 증명해보자.

교과과정 연계

중학교 수학 1: 평면도형과 입체도형

중학교 수학 2: 피타고라스 정리

중학교 수학 3: 실수와 그 연산

고등학교 수학: 방정식과 부등식, 함수

고등학교 미적분: 수열의 극한

고등학교 수학 2: 함수의 극한과 연속, 적분

수학의 본질은 자유로움에 있다는 칸토르의 말처럼,
우리가 더 나은 미래를 갈망한다면 수학은 충분히 중요한 역할을 해낼 것이다.

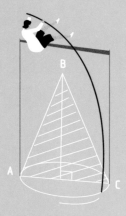

6

·

세상을 지키려는 수학,
세상을 바꾸려는 수학
《장미의 이름》

"수학 없이는 미로를 만들 수 없다."

도스토옙스키의 《죄와 벌》, 스탕달의 《적과 흑》, 괴테의 《젊은 베르테르의 슬픔》, 헤르만 헤세의 《데미안》 등 청소년기에 열심히 읽었던 추천도서 가운데 내용이 생각나는 책이 거의 없다. 그나마 헤르만 헤세의 《수레바퀴 밑에서》 정도가 기억이 난다. 입시에 대한 스트레스가 심했을 때라 감정 이입이 잘됐던 작품이다. 나머지는 꾸벅꾸벅 졸아가며 억지로 읽거나 등장인물 이름을 잊어버려서 자꾸만 책장을 앞으로 넘겨보던 기억뿐이다.

좋은 책에 대한 정의는 저마다 다르겠지만, 자신에게 맞는 책은 쉽게 알 수 있다. 페이지가 술술 넘어가는 책이다. 그런 의미에서 보자면 끊임없이 읽어야 한다는 강박과 의무감에 시달렸던 고전명작은, 적어도 청소년 시기에는 대부분 읽지 말아야 할 책이었다. 소설가 D. H. 로렌스에 따르면 책이란 "그 깊이가 알려지지 않는 한에서만 생명을 지니게" 되는 것이니 고전이 고전인 이유는 읽을 때마다 새로운 깊이가 드러나기 때문일 것이다. 그런데 고전을 볼 때마다 깊은 잠 속으로 빠져들었으니 그때 나는 아직 고전을 읽을 준비가 되지 않았던 게 아닐

수학의 눈으로 보면 다른 세상이 열린다

까. 모두에게 재밌는 책 같은 것은 없다. 이를테면 나에게는 《삼국지》가 그런 책이다. 수많은 사람들이 재밌다 재밌다 해서 몇 번을 읽으려 했지만 중도에 포기했다.

드물지만 다시 시도해서 재미있게 읽은 책도 있다. 《장미의 이름》은 포기했다가 나중에 다시 읽었을 때 그 매력에 푹 빠졌다. 저자인 움베르토 에코가 인터뷰에서 밝혔듯 이 책은 도입부를 넘기기가 가장 힘겹다. 초반에 나오는 내용을 이해하지 못하면 어차피 작품을 소화하기 어렵기 때문에 도입부를 어렵게 썼다고 한다. 포기할 사람은 빨리 포기하라는 소리다.

마치 초짜 수련생을 키우는 무술 고수 같은 태도로 책을 쓴 셈이다. 저자의 의도대로 처음 《장미의 이름》을 읽었을 때는 도입부에서 바로 좌절했다. 십 년이 지나 문지방 하나 넘어서니 거칠 게 없었다. 이 글은 십 년 전에는 안 보이던 것과 이제는 보이는 것에 대한 이야기다. 딱 그 차이가, 그때 수학을 바라보던 관점과 지금 수학을 바라보는 관점의 차이이기도 하다.

《장미의 이름》에 등장하는 수학 이야기 ━━━

《장미의 이름》은 추리소설이다. 밀폐된 수도원에서 벌어지는 연쇄살인 사건이 주된 테마다. 탐정 역할을 수행하는 윌리엄 수도사, 책을 필사하는 서기 겸 조수 역할을 맡은 아드소를 중심으로 진행되는 이야기는 전형적인 추리소설에 가깝다. 홈즈와 왓슨, 에르퀼 푸아로와 헤이스팅스 등 탐정과 조수 조합에서는 주로 조수가 화자를 맡는다.

조수가 놓치고 지나친 부분을 탐정이 깨우쳐주는 익숙한 전개는 탐정을 비범한 존재로 신비화하면서 독자로 하여금 궁금증을 자아내기에 좋다. 독자가 탐정을 이겨보려 애쓰는 사이 책장이 술술 넘어간다.

《장미의 이름》은 중세 후기 수도원을 배경으로 하는 종교소설이자 역사소설이기도 하다. 유럽에서 14세기는 중세의 끝 혹은 르네상스의 시작이다. 끝은 언제나 새로운 시작이다. 시대와 시대가 교차하는 이행기에는 모든 것이 의심받고 새로운 도전이 이어지며 수많은 혼종이 등장한다. 긴긴 유럽의 중세를 지배했던 종교와 그 종교를 지탱하는 학교였던 수도원은 그 역할을 의심받았다. 왕과 교황, 신앙과 이성(과학), 관행과 도전, 보수파와 개혁파가 대립했다. 말과 말, 논리와 논리가 충돌했다. 《장미의 이름》은 이 혼란스러운 시대상을 이탈리아 북부에 위치한 유서 깊은 수도원에 압축해 넣었다. 그리고 과학과 종교의 경계를 넘나드는 윌리엄이라는 강력한 혼종이 등장한다.

마지막으로 이 책은 백과사전적 소설이다. 당시에 실존했던 수많은 인물, 장소, 사건이 등장한다. 이것을 가상의 소설 속에 버무려 넣어 분량이 상당한데 그 정교함이 흠잡을 데가 없다. 움베르토 에코가 괜히 무술 고수 흉내를 낸 게 아니었다. 뭐하나 대충 끼워 넣은 게 없어서 길어도 지루하지 않다. 하지만 진입장벽은 확실히 높은 편이다. 유럽 중세의 역사, 철학, 종교에 대한 배경지식이 어느 정도 있어야 한다. 일단은 얇고 넓게 알고 있으면 책을 읽기에 좋다.

이 소설을 읽으면 중세시대 내내, 그리고 중세가 끝나갈 때 수학이 어떤 역할을 했는지 이해할 수 있다. 하지만 정작 소설 속에 수학이란 단어는 몇 번 나오지 않는다. 연관된 장면도 많지 않다. 수학이 가장

수학의 눈으로 보면 다른 세상이 열린다

직접적으로 언급된 장면을 살펴보자. 윌리엄과 아드소가 살인사건에서 가장 중요한 배경이 되는 장서관 구조를 파악하기 위해 내부 설계도를 그리는 대목이다.

> "그래, 수학이라는 걸 한번 이용해보자. 아베로에스가 말했듯이 수학에서만 우리가 아는 것과 절대적으로 알려진 것이 동일해질 수 있다."
>
> "그렇다면 사부님께서도 보편적인 지식이라는 걸 용인하시는 것이군요?"
>
> "수학상의 지식은 언제나 진리처럼 기능을 하는, 지성이 구축한 명제다. 무슨 까닭이냐? 수학적 개념 자체에 진리가 담겨 있기 때문이거나, 수학이 다른 학문을 앞질러 성립된 것이기 때문이다. 그런데 장서관은 내가 보기에 수학적으로 사고하는 인간에 의해 설계된 것으로 보이는구나. 무슨 까닭이냐? 수학 없이는 미로를 만들 수 없기 때문이다."
>
> 움베르토 에코, 《장미의 이름》, 열린책들, 2002, 386쪽

기억을 더듬어가며 둘이 그려낸 장서관 내부 구조는 다음 페이지에 있는 그림과 같다. 정중앙엔 8각형이, 네 귀퉁이와 귀퉁이 내부에도 도형의 형태가 보인다. 알파벳은 전부 방을 의미하는데 아주 복잡하게 배치돼 있다. 이러니 윌리엄과 아드소가 처음 장서관에 들어갔을 때 길을 잃고 헤맨 게 당연하다.

기하학적으로 복잡하게 설계된 구조물을 언어로 시각화한다는 것은 대단히 힘든 일이다. 윌리엄과 아드소는 기억을 더듬어 공간 구조를 기하학적으로 재구성해낸다.

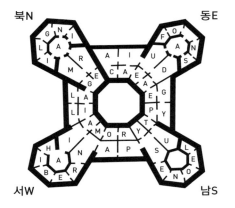

앞의 책, 572쪽

우리만 해도 어젯밤에는 출구를 찾지 못해서 얼마나 애를 먹었느냐? 배열의 극치가 연출하는 혼란의 극치… 정말 놀라운 계산이다. 장서관의 설계자는 정말 놀라운 사람이구나!

앞의 책, 389쪽

이 설계도 덕분에 윌리엄과 아소드는 더 이상 길을 헤매지 않고 장서관에 얽힌 비밀을 풀 수 있었다.

수학의 눈으로 보면 다른 세상이 열린다

질문이 필요 없는 사회에서
수학은 무엇을 할 수 있을까?

지금이야 사건을 수사할 때 과학적 방법에 기초해 상황을 판단하는 게 일반적이지만 중세시대에는 그렇지 않았다. 실험이란 방법도 보편화되지 않았던 때다. 사람을 고문해서 억지 자백을 받고, 신이 계시나 심판을 내려주리라 믿던 때다. 그런 시대에 과학수사를 하는 수도사 윌리엄은 남들보다 훨씬 시대를 앞서간 사람이다. 그가 수학적 사고를 중시하는 건 당연한데 그 생각의 뿌리는 그리스에 맞닿아 있다. 핵심이 되는 문장은 이것이다.

> "그래, 수학이라는 걸 한번 이용해보자. 아베로에스가 말했듯이 수학에서만 우리가 아는 것과 절대적으로 알려진 것이 동일해질 수 있다."
>
> 앞의 책, 386쪽

수학에서만 우리가 아는 것과 절대적으로 알려진 것이 동일해질 수 있다니, 이게 무슨 말일까? 흔히 그리스 로마 문명과 기독교가 서양 정신세계를 구축하는 양대 뿌리라고 말한다. 14세기의 시대적 배경이 되는 르네상스renaissance란 용어는 '재생'을 뜻하는데 한동안 사라졌던 고대 그리스 문헌의 재발견이란 의미도 포함하고 있다. 중세가 가리고자 했던 무엇이 다시 살아났는데 그 과정에 그리스 텍스트가 중대한 역할을 했다.

어떤 주제든 그리스와 만나게 된다 ━━━

고대 그리스 철학이 중요한 이유는 완벽해서가 아니다. 그리스 철학에서 가장 중요한 소크라테스, 플라톤, 아리스토텔레스는 대략 기원전 5세기에서 기원전 4세기 사람들이다. 그리스 철학 역시도 시대적 한계에서 자유로울 수 없다. 그런데도 중요한 이유는 세상 모든 궁금증을 논리적으로 설명하려고 노력했기 때문이다. 그래서 그리스 철학에는 누구나 할 법한 다양한 고민의 원형原型이 포함돼 있다. 어떤 주제든 열심히 고민의 뿌리를 따지며 공부하다 보면 그리스와 만나게 된다.

소크라테스는 책을 남기지 않았다. 그 제자 플라톤은 대부분 자신이 쓴 저작에서 스승 소크라테스를 등장시킨다. 소크라테스가 사람들을 불러다 놓고 특정 주제에 대한 대화를 나누면서 상대방을 논리적으로 격파한다. 도장 깨기 수준이다. 자의든 타의든 마주한 이는 모두 처절하게 깨져나간다. 스승을 소환해 상대를 논리적으로 격파하면서, 플라톤은 절대적 진리가 존재하며 인간의 존재 이유는 그 진리를 이해하고 그 진리가 가르치는 바에 따라 살아가는 데 있다고 했다. 철학하는 목적, 국가를 통치하는 목적, 인간이 존재하는 목적이 모두 이에 맞춰져 있다고 했다.

수학의 눈으로 보면 다른 세상이 열린다

소크라테스와 플라톤은 진리의 상대성을 주장하는 소피스트에 맞서 진리의 절대성을 지키고자 했으며, 여기서부터 통치의 정당성과 공동체의 질서가 확립된다고 믿었다. 그래서 소크라테스는 '악법도 법이다'라고 말하며 국가와 법의 정당성을 부정하지 않으려 했다.

플라톤에게 모든 행위의 목적은 진리에 대한 인식과 구현에 있다. 그렇다면 궁극적 목적인 그 진리는 누가 정해주고 어떻게 인식 가능할까? 이를 설명하기 위해 플라톤은 이데아라는 개념을 만들어낸다. 어떤 사람의 얼굴이 둥글다고 해보자. 수학적으로 표현해 원형圓形이라고 하자. 둥근 얼굴도 백이면 백, 다 다른데 도대체 둥글다는 기준이 뭘까? 그 기준은 수학에서 비롯된다.

> 평면상에 고정된 점에서 거리가 일정한 점들의 집합이 원이다.

이 정의를 기준으로 하면 이 세상에 완전하게 둥근 얼굴은 없다. 그럼에도 둥글다고 판단할 수 있는 것은 명확하게 원에 대한 개념이 존재하기 때문이다. 이것이 플라톤이 말하는 이데아다. 현실세계 너머에 존재하는 가장 완벽한 개념, 감각만으로는 인지할 수 없고 이성의 훈련을 거쳐야만 올바르게 파악할 수 있는 절대적 개념이 존재하는 세계가 이데아다. 플라톤이 생각할 때 그 이데아에 가까이 가려면 이성을 쓰되 수학적 방법을 사용해야 한다. 수학적 사고와 언어를 사용해야만 절대적 개념에 이를 수 있기 때문이다. 그래야 우리가 아는 것과 절대적으로 알려진 진리를 일치시킬 수 있다.

플라톤이 지은 교육기관 아카데미아에서는 입학시험으로 네 과목을 봤는데 그중 두 과목이 수학이었다. 그리고 아카데미아 입구에는 "기하학을 모르는 자는 들어오지 마시오."라고 적혀 있었다는데 그건 단지 수학공부를 열심히 하라는 의미가 아니라 수학적으로 사고해야 진리에 이를 수 있다는 뜻이었다.

플라톤에게 모든 인간행위의 목적은 이데아의 이해와 실현이며, 수학은 그 이데아에 이르기 위해 필수로 습득해야 하는 언어였다. 그리스는 다신교 사회였고 유럽의 중세 기독교는 유일신을 믿었다. 플라톤은 수학적 사고를 진리를 파악하는 중요 도구로 여겼지만 중세 기독교는 수학적 사고를 배척했다. 그런데도 중세 기독교는 왜 그토록 플라톤을 좋아했을까?

중세 기독교가 플라톤을 사랑한 이유 ━━━

플라톤의 이야기에는 논리적 허점이 많다. 만약 이데아가 실체가 있는 세계라면 대체 이데아는 어디에 있으며 그 존재를 어떻게 증명한다는 말인가? 그리고 사람이 어떻게 한 번도 본 적이 없는 이데아의 존재를 안단 말인가? 이 질문에 답하기 위해 플라톤은 불사의 혼이란 개념을 도입한다. 육체는 죽어도 혼은 죽지 않고 살아 다른 육체로 환생한다는 것이다.

윤회설에 영향을 받은 이 영혼불멸이라는 생각은 피타고라스를 거쳐 플라톤으로 이어진다. 혼이 새로운 육체를 얻기 전에 잠시 이데아 세계에 머무르기 때문에 우리는 경험한 적이 없지만 이데아 세계의 존재를 어렴풋이 인식한다는 것이다.

수학의 눈으로 보면 다른 세상이 열린다

쉽게 획득하기 어려운 절대적 진리, 사후세계에 대한 믿음, 영혼과 육체의 분리, 금욕주의적 태도, 엘리트 교육에 대한 강조와 계급사회 지향, 윤리적 사회를 구현하고자 하는 강력한 목적의식 등 플라톤의 이데아론은 확실히 기독교와 잘 맞았다. 초기 기독교가 그리스 로마식 사고에 익숙한 사람들을 설득할 때 플라톤을 끌어다 쓴 것은 우연이 아니었다. 교회가 생각할 때 플라톤이 말하는 이데아는 정확하게 하느님 나라와 일치했다.

철학은 신학의 종이 되었고, 성서의 권위에 도전할 수 있는 말은 존재하지 않았지만 그럴듯한 설명이 필요할 때 중세사회는 플라톤을 소환했다. 물론 필요한 부분만 골라서 사용했다. 글을 읽을 줄 모르고, 읽을 필요도 느끼지 못하는 대다수 민중은 종교의 권위에 의존해 살았다. 르네상스 시대 이전까지 중세 유럽을 지배한 언어는 라틴어다. 배움의 기회를 얻지 못한 민중들은 애초에 세상을 해석할 언어 자체가 없었다.

수학도 철학과 같은 신세였다. 부활절 날짜를 정확히 계산한다거나 성서를 추적해 종말 시점을 예견하는 일 따위를 빼고 나면 수학은 거의 필요하지 않았다. 이미 존재하는 진리를 대대손손 물려받으면 그뿐인 사회에 질문은 필요 없었다. 단지 믿음이 필요할 뿐이었다.

과학적 방법론을 정식화한
알하이삼의 업적

중세 유럽이 종교의 도그마에 빠져 있을 때 가장 왕성하게 수학과 과학을 발전시킨 것은 이슬람 세계였다. 스페인에서 북아프리카와 아라비아 반도를 거쳐 중앙아시아까지 방대한 영역으로 뻗어나간 이슬람은 다른 종교를 존중했고, 책과 지식을 열심히 모았으며, 문헌연구에 지원을 아끼지 않았다. 아라비아 숫자를 포함한 인도의 사고를 유럽에 전하기도 했다. 이슬람 세계가 이런 노력을 하지 않았다면 그리스의 성과도 사라지고 말았을 것이다. 훗날 유럽에서 일어난 과학혁명은 이슬람 세계에 많은 빚을 지고 있다. 열린 지식인 윌리엄은 이 사실을 잘 알고 있었다.

"절묘하구나, 거울이다!"

"거울이라뇨?"

"그래, 거울이다. 그러니 정신 차려라, 이놈아!"

…

윌리엄 수도사가 짓궂은 어조로 나를 힐난했다. "광학 논문 줄이라도 읽어보아

수학의 눈으로 보면 다른 세상이 열린다

야겠구나. 도서관을 설계한 자들과 달리 너는 광학이라는 것에 도통 무지한 것 같다. 그런데 광학에 관한 논문 중의 백미는 역시 아랍인들이 쓴 것이다. 알하젠의 《시각론De aspectibus》이 그중의 하나인데, 알하젠은 이 논문에서 정확한 기하학적 실례까지 들어가면서 거울의 쓰임새를 소개하고 있다."

앞의 책, 313쪽

기원전 5세기 묵자는 모든 카메라의 원형이 되는 암상자를 만들어 오늘날 영화와 똑같은 원리를 설명했다고 한다. 암상자는 빛의 원리를 이해하는 가장 기초적인 과정에 해당한다. 암상자 안에 들어가서 작은 구멍을 통해 스크린에 맺히는 상을 관찰하면 물체가 뒤집어져 보이는 것을 쉽게 확인할 수 있다. 스크린을 구멍 가까이 가져가면 상은 작아지는 대신 밝아지고, 스크린이 구멍에서 멀어지면 상은 커지는 대신 흐려진다.

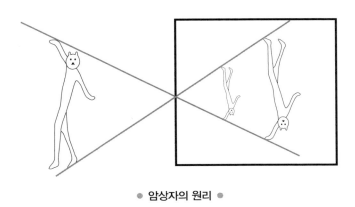

● 암상자의 원리 ●

알하젠의 본명은 이븐 알하이삼으로 《시각론》이란 책을 써서 유명해졌다. 이전에도 암상자를 체험한 사람은 여럿 있었지만 대부분 눈에서 나온 빛이 물체에 반사된 후 다시 눈으로 들어와 물체를 인식할 수 있다고 했다. 그러나 알하이삼은 이 주장이 억측이라고 생각했다. 멀리 존재하는 별은 눈을 뜨자마자 보이는데 눈에서 나간 빛이 눈 깜짝할 사이에 멀리 있는 별까지 갔다 왔다고 생각하기는 어려웠기 때문이다.

알하이삼은 실험을 위해 커다란 천막으로 암상자를 만들었고 아주 작은 구멍 안으로 들어오는 한줄기 빛으로부터 빛의 직진성을 설명했다. 또 빛의 폭과 양을 조절하기 위해 구멍의 크기를 조절하는데 이런 노력은 훗날 망원경의 발전으로 이어진다. 이 외에도 그는 빛과 관련된 기본적인 성질, 이를테면 직진성은 물론 반사, 굴절 등과 관련된 성질을 알아냈다.

이차곡선의 광학적 성질 ———

빛은 반사될 때 반사면에 수직인 법선을 기준으로 입사각과 반사각이 같은 방향으로 반사된다. 이를 반사의 법칙이라고 하는데 이와 같은 기하학적 설명 방식도 알하이삼이 사용한 것이다. 이를 이용하면 다양한 도형의 광학적 성질을 설명할 수 있다.

수학의 눈으로 보면 다른 세상이 열린다

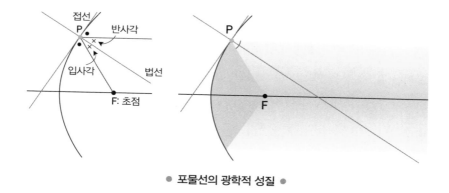

● 포물선의 광학적 성질 ●

위 그림은 포물선의 광학적 성질을 묘사하고 있다. 초점에서 나간 빛은 반사된 후 축과 평행하게 나아간다. 고등학교 기하와 벡터를 배운 학생이라면 포물선과 접선의 방정식을 이용해서 입사각과 반사각이 같다는 사실을 증명할 수 있다.

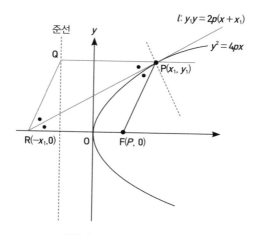

● 포물선의 광학적 성질에 대한 증명 ●

포물선 $y^2=4px$ 위의 한 점 $P(x_1, y_1)$에서의 접선 l의 방정식은 $y_1y=2p(x+x_1)$이다. P에서 준선에 내린 수선의 발을 Q, 접선과 x축의 교점을 R, 초점을 F라고 하자. $F(P, 0)$, $P(x_1, y_1)$, $Q(-p, y_1)$, $R(-x_1, 0)$이므로 $\overline{PQ}=\overline{FR}=|x_1+p|$이고 $\overline{PQ}/\!/\overline{FR}$이므로 사각형 $FPQR$은 평행사변형이다.

그런데 포물선의 정의에 따라 $\overline{PF}=\overline{PQ}$이므로 사각형 $FPQR$은 마름모이다. 접선이 마름모의 대각선이 되므로 $\angle QPR=\angle FPR$이므로 법선에 대해서도 입사각과 반사각이 같다. 이 성질을 이용해 빛이 평행하게 멀리 나가는 대신 딱 전등 크기만큼만 비추는 포물면 전등을 만들수 있다.

배트맨을 부를 때 쓰는 서치라이트는 포물선의 광학적 성질을 이용해 만든 것이다. 반대로 평행하게 들어오는 빛은 모두 초점으로 수렴하는데 전파망원경이 이 원리를 활용한다. 아르키메데스가 이를 이용해 거대한 포물면 거울로 로마군의 배를 불태웠다는 이야기가 있지만 기록에 남아 있지 않은 내용으로 천재 수학자를 신화화하기 위해 만들어낸 이야기일 가능성이 크다.

어릴 적 돋보기로 신문을 태워봤으면 알 것이다. 당시 기술로 배를 태울 만큼 거대한 포물면 거울을 만들 수 있었을까 하는 점도 의문이지만, 배를 태울 정도면 상당히 오랜 시간 초점 위치에 표적이 멈춰 있어야 하는데 로마군이 이를 스스로 기다렸다고 믿기도 어렵다.

수학의 눈으로 보면 다른 세상이 열린다

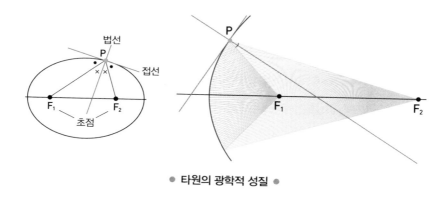

● 타원의 광학적 성질 ●

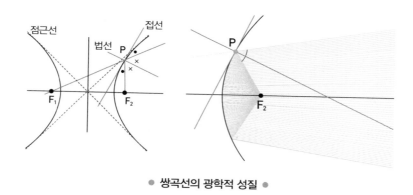

● 쌍곡선의 광학적 성질 ●

이와 동일한 원리를 이용하면 타원은 초점에서 나간 빛이 다른 쪽 초점으로 수렴하고, 쌍곡선은 초점에서 나간 빛이 마치 또 다른 초점에서 출발한 빛처럼 분산돼 나아간다는 사실을 증명할 수 있다. 이를 간단히 정리하면 다음과 같다.

① 포물선의 광학적 성질: 초점에서 나아간 빛은 포물선에 반사된 후 축에 나란하게 나아간다.

② 타원의 광학적 성질: 초점에서 나아간 빛은 타원에 반사된 후 또 다른 초점으로 수렴한다.

③ 쌍곡선의 광학적 성질: 초점에서 나아간 빛은 쌍곡선에 반사된 후 마치 또 다른 초점에서 발사된 빛처럼 나아간다.

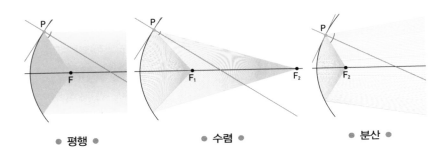

● 평행 ●　　　　● 수렴 ●　　　　● 분산 ●

알하이삼은 수학이나 과학과 관련된 여러 분야에서 많은 업적을 남겼지만 가장 위대한 점은 과학적 방법론을 정식화했다는 데 있다. 논리적 사고를 통해 가설을 세우고 실험을 통해 가설을 검증하되, 실험을 할 때는 불필요한 외부요인을 최대한 제거했다. 실험을 통해 가설이 잘못된 게 발견되면 이를 수정하고 정정했다. 가설을 세우고 정정하는 과정에서는 수학이 큰 역할을 했다. 이제 수학은 신의 존재 증명이 아니라 논리와 과학을 위한 기초 도구로 사용되기 시작했다.

수학의 눈으로 보면 다른 세상이 열린다

수학의 본질은 자유로움에 있다

12세기가 되자 기독교 세계와 이웃한 이슬람 세계를 통해 잊혔던 그리스 텍스트가 유럽으로 다시 들어오기 시작했다. 그리스 문헌 속에 담긴 위대한 생각은 이슬람 세계 속에서 살아남아 유럽으로 돌아왔다. 그 가운데 수도원 원로들이 영원히 봉인시키려 했던 아리스토텔레스가 포함돼 있다. 소설의 배경이 되는 14세기는 아리스토텔레스의 영향력이 플라톤을 넘어서던 시점이다.

《장미의 이름》은 아리스토텔레스가 쓴 저작을 숨기고자 하는 자들과 숨겨진 책을 찾아 읽으려는 자들, 진리는 이미 완성돼 있다고 생각하는 사람들과 진리는 언제나 새롭게 구성되는 것이라고 믿는 사람들 사이에 벌어지는 연쇄살인 사건 이야기다. 그들은 왜 아리스토텔레스를 봉인하려 했던 것일까? 기원전 4세기에 쓰인 책에 대체 무슨 대단한 내용이 있었던 것일까?

아리스토텔레스는 관찰과 실험을 한다 ——

아리스토텔레스는 플라톤의 제자다. 그 또한 세상 모든 것을 설명하고자 했던 박학다식한 사람으로 거의 모든 지식 영역을 다뤘다. 소크라테스와 플라톤을 이어 그리스 철학 체계를 완성한 아리스토텔레스 역시 보편적 진리 인식이라는 궁극적 목적으로부터 출발한다. 하지만 가는 길이 조금 달랐기 때문에 플라톤과 아리스토텔레스를 상호보완적 관계로 보기도 하고 대립적 관계로 보기도 한다.

내가 스승님으로 모시는 로저 베이컨께서는, 하느님의 뜻이 언젠가는 기계 과학을 성취시키실 터이므로 기계 과학이라고 하는 것은 지극히 온당하고 건강한 마술이라고 가르치신다. 언젠가는 자연을 본뜬 기계가 만들어질 터인데, 이렇게 만들어진 기계를 쓰면 배는 (오직 인간의 지배력만으로) 달릴 수 있을 것이다. 이렇게 달리는 배는 돛이나 노를 쓰는 배보다 훨씬 빠를 거다. 뿐이냐? 스스로 달리는 수레, 사람이 앉아서 장치만 조작하면 인공 날개를 펄럭거리면서 (새처럼 날갯짓하는) 날틀도 만들어질 것이야. 또 무거운 물건을 들어 올릴 수 있는 조그만 장치도 만들어질 거고, 바다 밑을 달리는 탈것도 만들어질 테지.

앞의 책, 44쪽

윌리엄 수도사의 정신적 스승은 로저 베이컨이고 로저 베이컨의 정신적 스승은 아리스토텔레스다. 로저 베이컨은 13세기 실존 인물이다. 《장미의 이름》 본문 속에 등장하는 서술은 역사적 사실을 배경으로 하지만 창작을 가미했다. 르네상스와 근대를 잇는 과도기적 시대에 로저

　　　　　　　　　　　　　수학의 눈으로 보면 다른 세상이 열린다

베이컨은 매우 중요한 인물이었다.

로저 베이컨을 통해 구현된 아리스토텔레스는 얼핏 보기에도 플라톤과 많이 달라 보인다. 핵심은 이데아론에 대한 (사실상의) 부정이다. 현실은 이데아의 모방이기 때문에 개별적 존재로부터 감각을 통해 인지한 지식으로는 진리에 다다를 수 없다는 플라톤과 달리, 아리스토텔레스에게 진리란 개별적 존재 안에도 내포돼 있다. 따라서 감각은 지식탐구의 중요한 도구이며 감각으로 느낄 수 있는 현실세계 또한 그만큼 중요하다. 그래서 아리스토텔레스는 관찰과 실험을 한다!

플라톤이 평가 절하했던 것들, 이를테면 감각, 경험, 관찰, 실험, 현세, 육체, 예술 같은 것들이 아리스토텔레스에게는 중요하다. 그래서 아리스토텔레스에겐 '근대과학의 효시', '최초의 자연과학자'와 같은 수식어들이 따라다닌다. 단적으로 아리스토텔레스는 500종 이상의 동물을 관찰, 기록하고 분류해 《동물지》, 《동물 부분론》, 《동물 발생론》과 같은 저서를 남겨 최초의 동물학자 또는 계통분류학의 창시자로 평가받는다. 플라톤이라면 상상도 못할 일이다.

윌리엄 수도사는 연쇄살인 사건의 해결을 의뢰받고 사건이 일어난 수도원으로 향한다. 그는 가는 길에 말 발자국을 발견하고 간단한 추리를 선보인다. 말 발자국만으로 말의 행방을 알아내는 윌리엄 수도사는 등장부터 범상치 않다. 아리스토텔레스의 후예, 로저 베이컨의 후예를 자처하는 윌리엄 수도사는 무조건적인 믿음만을 요구하는 중세 수도사의 전형성을 벗어난다. 이단재판, 이교도 증오, 마녀재판과 같은 맹목성을 탈피한 근대적 인간으로 묘사된다.

윌리엄 수도사만큼이나 기존 세계를 고수하고자 하는 이들 또한 절박하다. 천년의 권력이 위기에 처해 있기 때문이다. 윌리엄의 정반대 편에는 호르헤 수도사가 있다. 수도원 원로인 호르헤는 앞이 보이지 않는다. 그에게 참된 진리는 관찰이나 의심에서 나오는 게 아니라 완성된 선지자들의 말씀에서 나온다. 호르헤가 시각을 잃었다는 것은 상징적이다.

연쇄살인 사건은 장서관을 배경으로 일어난다. 장서관 운영은 매우 폐쇄적이어서 수도사들은 자유롭게 장서관에 접근할 수 없다. 장서관은 지식을 전파하는 기능을 하지 않고 지식을 묶어두는 기능을 한다. 호르헤가 보기에 수많은 이단 서적이 그곳에 있다. 아리스토텔레스도 예외가 아니다. 장서관은 진리에 대한 갈망을 봉인해둔 무덤이고, 중세는 그 무덤 덕에 유지된다. 그러니 수도원 본관의 가장 핵심적이고 은밀한 곳에 장서관이 위치하는 건 당연하다. 그 무덤에서부터 중세의 붕괴가 시작된다. 연쇄살인 사건이 중세의 위기를 징후적으로 드러낸다면 그 사건이 벌어지는 장소로 장서관만큼 어울리는 곳은 없다.

우리는 무엇을 위해 수학을 하는가? ━━━

플라톤도, 아리스토텔레스도, 윌리엄 수도사도 모두 수학이 중요하다고 말한다. 심지어 수학적 사고와는 한참 거리가 먼 수도원 원장도 예외가 아니다.

방주를 만들던 그 황금률에 따라 지어진 참으로 놀라운 성채가 아닌가요? 본관을 보세요. 3층으로 돼 있습니다. 3은 삼위일체, 아브라함을 찾아갔던 천사들의 숫자, 요나가 큰 물고기 뱃속에서 보냈던 날 수, 예수님과 라자로가 무덤에서 함께 보낸 날 수가 아닙니까? 뿐인가요? 예수님께서는 하느님 아버지께 세 번, 쓴 잔을 거두어주실 것을 기도하셨고, 세 번이나 사도들을 피해 홀로 기도하셨습니다. 세 번이나 베드로는 예수님을 부인했고, 부활하신 뒤에는 세 번 제자들에게 나타나시었습니다.

앞의 책, 784쪽

수도원 원장에게 수학은 신학을 합리화하기 위한 도구와 상징에 불과하다. 구체제 옹호자인 원장은 사건 해결을 위해 윌리엄을 불러놓고도 정작 수사가 사건의 실체에 접근하자 윌리엄을 막으려 한다. 그 역시 천년의 권세가 무너지는 것을 원치 않는다. 단지 수사를 위해 최선을 다했다는 명분과 적당한 희생양이 필요했을 뿐이다. 하지만 윌리엄 때문에 수사는 원장이 원하던 선을 넘어섰다.

윌리엄의 시선이 장서관으로 향하자 원장은 안절부절못하며 그의 관심을 다른 곳으로 돌리려 한다. 게으른 타협과 의심 없는 관성으로 일관하는 원장은 지금까지 해왔던 방식이 옳다고 믿는다. 이단심문을 위한 고문, 마녀사냥, 전쟁과 학살, 그 어떤 끔찍한 일도 정당하다고 생각한다.

우리는 여러 세기 동안 이 질서를 지켜왔습니다. 이단에 관해, 나에게 원칙이 하나 더 있습니다. 이단 혐의를 받고 있는 베지에 시민들을 놓고, 어떻게 했으면 좋겠느냐는 속권의 질문에 시토회의 수도원장 아르노 아말리크가 했던 대답이 그

것입니다. 즉, "죽여라, 하느님께서는 당신의 백성을 알아보신다."는 것입니다.

앞의 책, 280쪽

플라톤은 수학적 사고야말로 이데아에 이르는 가장 확실한 방법이라고 했다. 아리스토텔레스는 여기에 관찰과 실험, 귀납적 사고방식을 더했다. 플라톤의 수학은 끊임없이 정상을 향하고 아리스토텔레스의 수학은 나선형으로 돌며 조금씩 상승한다. 원장에게 수학은 신학을 위한 상징적 도구다. 장서관 설계자는 지식의 무덤을 만들기 위해 최첨단 수학지식을 사용했다. 수학이 진리의 도구로 쓰이는 것을 막기 위해 수학을 사용했다. 그리고 윌리엄은 끊임없이 오류를 점검하고, 진리를 갱신하기 위해 수학을 사용한다.

호르헤가 아리스토텔레스의 서책을 두려워한 것은, 이 책이 능히 모든 진리의 얼굴을 일그러뜨리는 방법을 가르침으로써 우리를 망령의 노예가 되지 않게 해 줄 수 있어 보였기 때문이다. 인류를 사랑하는 사람의 할 일은, 사람들로 하여금 진리를 비웃게 하고, 진리로 하여금 웃게 하는 것일 듯하구나. 진리에 대한 지나친 집착에서 우리 자신을 해방시키는 일… 이것이야말로 우리가 좇아야 할 궁극적인 진리가 아니겠느냐?

앞의 책, 864쪽

묵자는 체험을 바탕으로 사물의 본질을 추론하는 논리적 사고를 중시했으며, 전쟁을 배격하고, 노동을 통해 서로를 이롭게 하고자 했다. 춘추전국시대 주요 철학 학파이자 정치사상의 한 축이었던 묵가는 진

수학의 눈으로 보면 다른 세상이 열린다

시황이 세운 진나라 시대에 홀연히 사라졌다. 법가에 기초한 진시황은 오로지 법대로 하라는 명령을 앞세워 다양한 학문과 사상의 자유를 탄압했다. 수많은 책과 문서를 불태웠고 저항하는 이들은 생매장하기도 했다.

중세시대도 마찬가지였다. 진리에 대한 갈망과 합리적 의심은 위험한 요소로 간주됐다. 하지만 진정한 자유와 해방을 갈망하는 이들은 끝내 역사의 다음 페이지를 열었다. 근대로 넘어가는 과정에서 수학은 새로운 길을 안내해주는 언어였다. 물론 수학은 때로 그 정반대 편에서 쓰이기도 한다. 하지만 수학의 본질은 자유로움에 있다는 칸토르의 말처럼, 우리가 진정으로 더 나은 미래를 갈망한다면 수학은 충분히 중요한 역할을 해낼 것이다.

생각노트

- 고대 그리스 문명이 현대사회에 미친 영향을 구체적으로 생각해보자.
- 과학 시간에 배웠던 빛과 관련된 성질을 수학적으로 증명해보자.
- 기하학을 이용한 과학이론을 더 생각해보자.

교과과정 연계

고등학교 기하: 이차곡선

대동여지도는 세계 최고라기보다는 상당히 뒤쳐져 있던 조선의 지도 제작 기술을
단기간에 세계적 수준으로 끌어올린 수작이다.

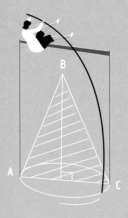

7

대동여지도는 수학적으로
훌륭한 지도였을까?

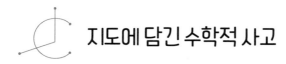

지도에 담긴 수학적 사고

스마트폰이 일상화된 시대, 많은 것이 사라져가고 있다. 필름이 자취를 감춘 지 오래됐고 이제는 디지털 카메라도 위태롭다. MP3플레이어, CD플레이어, PMP(휴대용 멀티미디어 플레이어) 등 누구나 하나씩 들고 다니던 제품들이 대부분 사라졌다. 그리고 종이지도 역시 그렇다. 포털사이트 지도 서비스는 물론이고 지구를 통째로 재현한 구글어스Google Earth까지 등장한 지도 제법 시간이 흘렀다.

2005년 유럽에 자전거 여행을 갔을 때 처음 접했던 구글어스는 완전 신세계였다. 지구를 들고 다니면서 필요할 때 맘대로 크기를 늘렸다 줄였다 하는 기분이었다. 별다른 여행계획이 없을 때도 수시로 구글어스를 만졌다. 수많은 가상 여행코스를 짜봤다. 거리측정과 소요시간 예측은 물론 GPS로 고도변화까지 알아보고 나면 이미 여행을 다녀온 기분이 들 정도였다. 대부분은 그러다 말았지만 몇 번은 실제로 다녀오기도 했다.

종이지도가 MP3플레이어나 필름처럼 극단적으로 사라질 위기에 몰릴지는 알 수 없는 노릇이다. 21세기에는 극장이나 종이책이 사라질

　　　　　　　　수학의 눈으로 보면 다른 세상이 열린다

거란 분석이 1990년대에 심심치 않게 나왔지만 예측은 들어맞지 않았다. 나는 구글 캘린더로 모든 일정을 관리하고 있으나 주변에는 여전히 종이 다이어리를 쓰는 사람들이 많다. 어떤 것은 사라졌고, 어떤 것은 버티고 있다.

지도와 도표의 상징을 이해하는 도해력 ━━━

이 세대 전체의 지리에 대한 인식은 그들의 정신적인 독립심이나 체질량지수 못지않은 위기에 처해 있다. 오늘날 실내에 갇힌 아이들은 자연이나 환경과의 연결을 거의 느끼지 못한다.

켄 제닝스, 《맵헤드》, 글항아리, 2013, 78쪽

1966년에 영국 지리학자인 윌리엄 발친과 앨리스 콜먼은 언어능력과 산술능력을 시각적 능력에 적용시켜 지도와 도표와 상징을 이해하는 인간의 능력을 뜻하는 도해력이라는 단어를 고안했다. 이 단어는 생소하긴 하지만, 우리가 지하철 지도를 읽는 데 애를 먹는 이유가 파워포인트 도표와 이케아 조립 설명서를 보면서 애를 먹는 이유와 동일하다는 주장에는 그럴듯한 근거가 있다. 바로 아무도 우리에게 그것을 읽는 법을 제대로 가르쳐주지 않았다는 것이다.

앞의 책, 89쪽

도해력은 문자나 숫자로는 효과적으로 전달하기 어려운 공간정보를 지도, 사진, 도표, 그래프 등으로 시각화해 의사소통할 수 있는 능력을 의미한다. 영국의 지리학자 발친과 콜먼은 그래픽graphic과 문해력literacy를 결합해 도해력graphicacy이라는 새로운 용어를 만들었다. 도해력이란 개념이 생겨난 지 50년 만에 위기를 언급하는 상황이 한국에 잘 맞는지는 모르겠다. 수학능력시험 사회탐구 영역에 한국지리, 세계지리 과목이 포함돼 있기 때문이다. 한국에서 어떤 학문이 대학입시 과목에 포함돼 있다는 것은 상당히 많은 사람이, 특정 시기에 국한되기는 하지만 열심히 공부한다는 뜻이다.

학창시절 나에게 지리는 암기과목에 가까웠다. 지도를 보고 지명과 그 지역 특징을 함께 외웠다. 이 지역은 특산품이 인삼이고, 이 지역은 70년대 중화학공업 우선 정책이 시행됐고, 이 지역은 푄현상으로 여름에 시원하고 겨울에 따뜻하고 등등 그냥 외웠다. 20여 년 전에 봤던 수능시험 문제를 다시 찾아봤다. 거의 모든 문제가 단순 암기형이다. 지도 도해력도, 수학적 사고도 굳이 필요하지 않다.

그리고 2018년 수능기출문제를 찾아봤다. 정말 많이 바뀌었다. 문제 형식을 보면 지도 도해력이 수학과 밀접한 연관이 있음을 쉽게 알 수 있다. 그래프나 도표를 지도 및 그림과 연결시켜 해석해야 하고 기본적인 데이터 분석 능력과 함수에 대한 이해도 필요로 한다. 암기로 풀 수 있는 문제도 아니다. 임의로 주어지는 정보를 종합해서 지리적 특징을 파악해야 한다.

지도와 관련해 수학적 사고를 가장 필요로 하는 부분은 지도 제작 과정이다. 위도와 경도는 정확한 위치를 파악하는 데 중요한 요소로 구 위에 그린 좌표계라 할 수 있다. 축척은 실제거리와 지도상 거리 간 비율을 의미한다. 도법(투영법)은 구면상에 존재하는 점을 평면상의 점으로 대응시키는 함수이다.

수학의 눈으로 보면 다른 세상이 열린다

구면을 평면에 옮기는 과정에서 어떤 식으로든 왜곡이 일어날 수밖에 없기 때문에 모든 도법은 고유한 장단점을 갖는다. 기본적으로 도형과 함수(좌표)에 대한 이해력이 높을수록 도해력도 좋아진다.

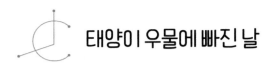

태양이 우물에 빠진 날

인류는 대략 1만 년 전부터 농경생활을 시작했다. 생산물이 남게 되면서 사유재산 개념이 생기고 권력이 집중되기 시작했다. 기록이 시작됐고 초보적인 형태의 법률도 생겼다. 부의 원천은 땅으로부터 나왔다. 농경지 면적을 정확히 측정하는 일이 무엇보다 중요했다. 농경사회는 도형을 연구하는 수학 분야인 기하학geometry의 발달과 관련이 깊다. geometry의 어원은 geo(땅)＋metry(측량)로 이집트에서 땅을 측량하기 위해 도형을 연구하기 시작한 것에서 기인한다.

우리가 사용하는 수학용어는 대부분 일본이나 중국에서 한자로 옮겨진 후에 국내로 들어오는데 이 과정에서 의역되는 경우가 대부분이지만

● 이집트 왕의 서기 멘나의 무덤 벽화 중 일부 ⓒ Wikimedia Commons ●

수학의 눈으로 보면 다른 세상이 열린다

음역되는 것도 있다. geometry에서 접두사 'geo'를 소리 나는 대로 옮긴 한자가 기하幾何다. 코카콜라를 가구가락可口可乐(중국어 발음으로 커코우커러)이라고 표기하는 것과 마찬가지로 단어 자체에는 아무 의미도 없다.

나일강 유역은 땅이 기름진 대신 범람이 잦아 홍수 후에는 매번 땅 모양이 바뀌었다. 통치자에게 땅과 관련된 소유권이나 세금 문제는 매우 중요했기 때문에 측량기술이 발달했다. 왼쪽 페이지의 그림은 이집트 왕의 서기로 일했던 멘나의 무덤에 그려진 벽화다. 배경에는 곡식이 풍성하게 자라 있고 사람들은 줄자를 잡고 측량을 하고 있다. 땅의 면적을 재서 세금을 매기기 위해서다. 그림 오른쪽에는 곡식으로 세금을 납부하는 사람들 모습이 보인다. 세금을 거두고, 측량하는 것이 고위 관료들의 일이었음을 알 수 있다.

좁은 영역은 쉽게 측량할 수 있다. 하지만 크기가 커지면 측량 그 이상이 필요하다. 이집트에서 그리스로 넘어간 기하학은 한 단계 발전했다. 이집트 기하학이 측량에 가까웠다면 그리스 기하학은 논리를 더했다. 알렉산드리아(이집트 북부 항구도시) 도서관의 책임자였던 에라토스테네스는 여행자의 기록을 읽다가 재밌는 내용을 발견한다.

하짓날 정오가 되면 시에네(오늘날의 아스완)에 모든 그림자가 사라진다는 것이었다. 그는 직접 관찰에 나섰다. 하짓날 정오가 되자 우물 위를 지나가던 태양이 완전히 물속에 잠겼고 모든 그림자가 거짓말처럼 사라졌다. 태양이 시에네를 완벽하게 수직으로 비추기 때문에 생기는 현상이었다. 그런데 신기하게도 다른 지역에서는 그런 일이 일어나지 않았다. 에라토스테네스는 이것이 지구가 둥글기 때문에 생긴 일이라고 판단했다. 그리고 이를 이용해 최초로 지구 둘레를 계산했다.

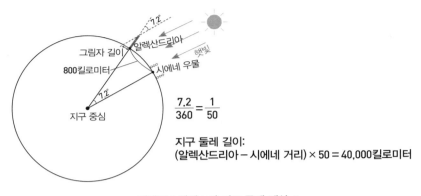

$$\frac{7.2}{360} = \frac{1}{50}$$

지구 둘레 길이:
(알렉산드리아 − 시에네 거리) × 50 = 40,000킬로미터

● **에라토스테네스의 지구 둘레 계산** ●

에라토스테네스는 우선 알렉산드리아에 긴 막대를 세우고 하짓날 정오에 그림자 길이를 측정했다. 지구는 둥그니까 시에네에서는 그림자가 생기지 않지만 시에네에서 800킬로미터 떨어진 알렉산드리아에서는 그림자가 생긴다. 그림자와 햇빛이 이루는 각도는 7.2도인데, 막대 길이와 그림자 길이를 알면 삼각함수를 이용해 각을 얻을 수 있다.

태양빛이 지구에 평행하게 들어온다고 가정하면 이 각은 지구 중심으로부터 시에네와 알렉산드리아를 연결했을 때 생기는 각도와 동일하다(동위각). 지구 한 바퀴는 360도니까 7.2도는 정확히 $\frac{1}{50}$에 해당한다. 따라서 지구 둘레 길이는 알렉산드리아와 시에네 사이의 거리인 800킬로미터의 50배인 40,000킬로미터가 된다. 이는 실제 지구 둘레 길이와 오차가 1퍼센트도 되지 않을 정도로 정확한 값이다.

다만 과학적으로 깊이 들어가면 에라토스테네스의 방법에 대해서는 진위와 관련된 논란이 있다. 또 에라토스테네스가 사용한 단위 문제 때문에 실제로는 이렇게까지 정교하지 않았다는 분석도 있고 시에네에

수학의 눈으로 보면 다른 세상이 열린다

서 알렉산드리아까지 직접 걸어서 길이를 쟀다는 것에 대해서도 이견이 있다.

그러나 중요한 것은 실측이 불가능한 것을 측량에 기하학을 더해 논리로 설명했다는 점이다. 에라토스테네스는 그리 어렵지 않게 막대의 그림자 길이를 측량하고, 원의 성질과 삼각함수 등을 이용해서 아주 간단한 기하학만으로 가보지도 않은 세계까지 예측했다. 이것이 수학적 사고의 힘이다.

수학의 힘으로 그린 지도 ━━━━

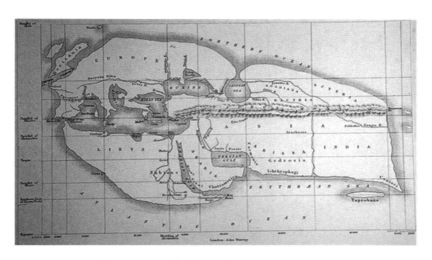

● **에라토스테네스의 세계지도** ⓒ Wikimedia Commons ●

위의 지도는 에라토스테네스의 저서 《지리학》에 포함돼 있었다는 세계지도다. 현재 전해지는 원본은 없고 로마시대 지리학자 스트라본의 저서에 기술된 내용에 따라 영국 왕립지리학회원 E.H. 번버리가 복원했다. 여러 단계를 거쳐 복원된 것이라 추측만 가능하지만, 지도를 보면 이때부터 이미 위도, 경도와 같은 좌표 개념을 도입했다는 사실을 알 수 있다. 게다가 지중해를 둘러싼 지역은 비교적 그럴듯하게 묘사돼 있다. 지구 둘레 길이를 예측한 사람이 세계지도를 상상하는 일은 제법 자연스러운 연결이다.

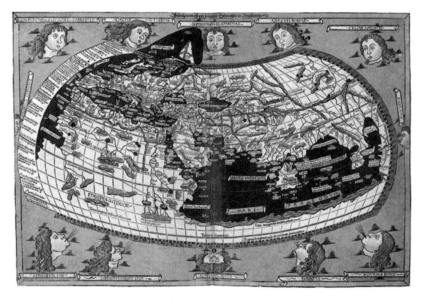

● **프톨레마이오스의 세계지도** © Wikimedia Commons ●

이 지도는 프톨레마이오스가 《지리학》이란 책에 그린 지도를 15세기에 복원한 것이다. 인문학자 야코포 단젤로가 최초로 라틴어 번역본을 낼 때 포함됐다. 여기에는 당시 제작된 지도도 다수 포함됐다고 한다. 콜럼버스 시대에 프톨레마이오스의 지구 모델이 가장 널리 받아들여졌으니 지구가 둥글다고 생각한 것도 자연스럽고 미대륙의 존재를 모르

수학의 눈으로 보면 다른 세상이 열린다

고 인도로 착각한 것도 자연스럽다. 지도의 동쪽 끝을 보면 대략 인도 지역 정도까지 파악한 것으로 보이기 때문이다.

에라토스테네스의 지도와 마찬가지로 지중해 중심으로 세계가 묘사돼 있으며 위도, 경도 개념이 포함돼 있고 앞 지도와 비교해보면 300년 정도의 시간 동안 자세히 묘사된 영역이 확장됐음을 알 수 있다. 지도 바깥쪽에는 숫자가 표시돼 있는데 북반구는 위도 60도 정도까지 묘사돼 있으나 적도 밑으로 내려가면 남반구는 거의 파악되지 않은 상태다.

프톨레마이오스의 세계지도는 지구가 둥글다는 사실을 반영했다는 점에서 이전 지도보다 한 단계 발전했다. 둥근 지구를 평면에 옮기는 과정에서 어떻게 하면 왜곡을 줄일 수 있을지 고민한 흔적이 보인다. 적도 부근보다 북극 근방의 폭이 좁게 그려진 것을 한눈에 알 수 있다. 아직 정교한 수준에 이르지는 못했지만 이미 투영법을 고민했다는 이야기다.

메르카토르 도법의 원리 ━━━━

다른 수학 지식을 이야기할 때와 마찬가지로 지도의 역사를 다룰 때도 그리스 시대에서 르네상스 이후로 1000년 이상을 건너뛰게 된다. 종교적 사고를 그대로 반영한 중세 유럽의 지도는 완전히 다른 인식의 지평 위에 있다. 지도 제작의 역사를 수학적 관점에서 보자면 중세 유럽은 기술적으로 퇴보한 시기라고 할 수 있다. 중세시대엔 지도를 그리는 목적 자체가 달랐기 때문에 정교할 필요가 없었다.

그러다 르네상스를 지나면서 분위기가 달라진다. 고대 그리스의 지도가 복원되고 지도 제작에 다시 수학적 방법이 채택된 데다 항해술의 발달로 활동 영역이 넓어지면서 지도 제작도 비약적으로 발전하기 시작한다. 이 변화를 상징적으로 보여주는 것이 메르카토르 지도다.

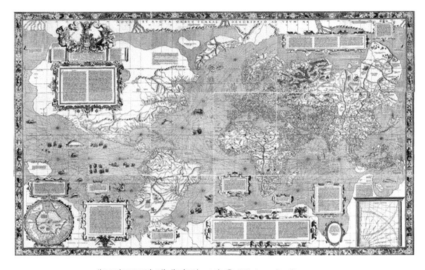

● **메르카토르의 세계지도(1569)** © Wikimedia Commons ●

직관적으로 표현하면 사영기하학projective geometry은 빛과 그림자를 다루는 기하학의 한 분야다. 사영射影은 빛을 쏴서 영상(그림자)을 만든다는 의미다. 물체를 향해 날아간 빛(광원)은 스크린에 영상(그림자)을 만든다. 지도 제작에 쓰이는 다양한 도법(투영법, projection method)은 사영기하학과 직결된다. 물체의 한 점과 그림자의 한 점을 대응시키면 함수가 된다.

우리에게 익숙한 종이지도는 구 위의 지형을 평면에 옮기는 과정을 밟기 때문에 모든 도법에서 어떻게든 왜곡이 일어난다. 따라서 도법이

수학의 눈으로 보면 다른 세상이 열린다

갖는 장단점을 이해하는 게 중요하다. 그림을 보며 가장 간단한 원통
도법을 알아보자. 구의 중심에서 발사된 빛이 지구 위의 물체(지형)를
비추면 원통에 그림자가 생긴다. 원통을 펼쳐 평면으로 만들면 지도가
완성된다.

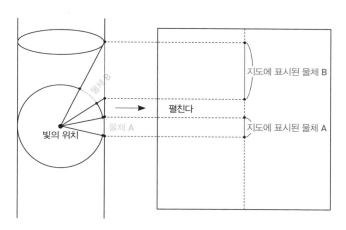

● **원통도법을 활용한 지도 제작** ●

그런데 이렇게 지도를 만들면 북극점, 남극점은 원통 표면에 상이
맺히지 않기 때문에 표현할 수가 없다. 또, 극점에 가까이 갈수록 지도
에서의 위치는 무한히 위와 아래로 뻗어나가 극지방으로 갈수록 왜곡
이 심해진다. 그림을 보면 구 위에서 크기가 같은 물체 A와 B가 지도
상에서는 크기가 상당히 다르게 나타나는 것을 알 수 있다. 메르카토
르 도법도 큰 틀에서 원통도법과 원리가 비슷한데 수직 방향의 왜곡을
보정해 위도에 따른 편차를 좀 줄였다.

그럼에도 극지방으로 갈수록 왜곡이 심해지는 것은 여전하다. 메르
카토 자신도 이런 단점을 알았기 때문에 첫 번째 지도를 그릴 때 북

극을 완전히 빼버리고 별도 그림으로 그려 넣었다.

● **19세기 초에 제작된 세계지도(1820)** © Wikimedia Commons ●

위 지도는 에이브러햄 리스의 《백과사전》에 실렸던 것이다. 19세기 초 서구 열강이 본격적인 식민지 쟁탈전을 벌이면서 아시아 지역에 대한 지형 파악이 끝났고 세계지도는 거의 완성단계에 접어든다. 1820년에 제작된 위 지도를 보면 극지방을 제외한 대부분의 지역이 매우 정밀하게 묘사돼 있다. 지도 왼쪽 상단에는 메르카토르 도법에 따라 그렸다는 표시가 선명하다.

수학의 눈으로 보면 다른 세상이 열린다

김정호는 뛰어난 데이터 수집분석가다

한국사회는 경제적으로 크게 발전했고 민주주의 역시 상당히 안정됐다고 평가받지만 여러 영역에서 한국인은 다양한 내면적 열등감을 간직하고 있는데 과학 분야가 특히 그렇다. 그래서인지 '알고 보면 세계 최고 수준이었던 조선의 과학기술'과 같은 서술을 심심치 않게 볼 수 있다. 공중파에서 방영되는 역사나 과학 분야의 다큐멘터리에서도 이와 같은 태도가 종종 발견된다.

일제강점기와 전쟁, 분단, 독재 등 어두운 시절을 거치며 잊혔던 역사를 재조명하는 것은 너무도 필요하고 흥미로운 일이다. 하지만 열등감의 작용으로 밑도 끝도 없이 '세계 최고'와 같은 수식어를 남발하며 우월감을 고취하면 곤란하다. 우월감과 열등감은 동전의 양면과 같다. 근거 없는 우월감은 열등감의 또 다른 표현이다.

고산자古山子 김정호가 만든 대동여지도大東輿地圖를 이야기할 때 대다수 사람들이 처음 떠올리는 질문은 '대동여지도는 얼마나 우수한 지도였을까?'이다. 그동안 우리가 접했던 많은 텍스트는 대동여지도가 매우 뛰어난 지도라고 한결같이 입이 닳도록 칭찬했다. 심지어는 세계 최고의 지도라고 말한 경우도 있다. 이런 경우 지도의 정교함, 크기와 더불어 김정호의 집념을 주요 근거로 들어 대동여지도를 세계 최고라고 치켜세운다. 지도를 평가할 때 제작자의 집념이 지도를 평가하는 지표가 될 수 있는지 의문이지만 아무튼 지도를 만들기 위해 백두산을 여덟 번 오르고 전국을 세 번이나 돌았다는 감동적인 이야기까지 더해가며 대동여지도가 최고라고 믿고 싶은 눈치다.

이러한 이야기 자체가 과장일 가능성이 크지만 대동여지도가 진짜 우수한 지도인지 아닌지 말하려면 적어도 지도의 평가 기준에 맞는 근거를 들어 주장해야 한다. 근거 없는 상찬은 단지 왜곡된 민족주의나 국가주의에 불과하다. 특히나 한국사회에는 세계 최고와 같은 수식어에 대한 집착보다 객관적으로 분석하고 평가하는 연습이 필요하다. 그래야 황우석 사태와 같은 비극이 다시 벌어지지 않는다.

하도 왜곡과 과장이 많아서 비판부터 하고 시작했지만 대동여지도는 우수한 지도가 맞다. 그러나 어느 면에서도 세계 최고는 아니다. 대동여지도보다 더 큰 지도도 있고 더 정교한 지도도 있으며, 무엇보다 수학적 수준에서 보아도 대동여지도보다 훨씬 앞선 지도가 여럿 있다. 세계 최고라기보다는 상당히 뒤쳐져 있던 조선의 지도 제작 기술을 단기간에 세계적 수준으로 끌어올린 수작이라고 평가하는 편이 맞을 것이다.

여기에 김정호의 집념과 끈기는 단지 양념 정도 역할만 할 뿐이다. 집념과 끈기가 있다고 전국지도를 만들 수 있는 게 아니다. 세계지도는 꿈도 못 꾼다. 김정호가 대동여지도를 만들었던 1861년이면 이미 실제 지형과 크게 다를 바 없는 수준의 세계지도가 나오던 때였다.

수학의 눈으로 보면 다른 세상이 열린다

● 대동여지도에 실린 〈지도유설〉 ●

위 문서는 대동여지도의 머리말에 해당하는 〈지도유설地圖類說〉이다. 여기에는 진나라 사람 배수裴秀가 내세웠다는 지도를 만드는 이론이 나오는데 위도, 경도와 같은 좌표 개념을 의미하는 준망準望, 축척을 나타내는 분율分率 등에 대한 언급이 나온다. 이때가 3세기인데 이미 지도 제작과 관련해 수학적 관점이 어느 정도 자리 잡았다.

조선의 상황을 보면 현존하는 지도 기준으로 정상기가 18세기 중엽에 제작한 동국대지도東國大地圖가 축척 개념을 사용한 최초의 지도다. 100리를 1척으로 줄였다 해서 백리척이라고 부르는데 조선에서는 이때부터 축척 개념이 일반화됐다. 세계적인 지도 제작 기술 추이에 따르면 상당히 늦은 편이다.

조선 후기, 특히 18세기 들어 지도 제작이 왕성해진 이유는 크게 두 가지다. 왜란과 호란을 겪으며 군사적 필요가 생겼고, 상업과 유통의 발달로 수요가 증가했기 때문이다. 역으로 나라 입장에서는 중요한 정보를 광범위하게 공개할 수 없는 상황이었다. 지도는 누구나 쉽게 볼 수 있는 일상적 정보가 아니었다.

전문가들은 김정호가 18세기에 집중적으로 만들어진 여러 지도를 다양하게 참고했을 것이라고 분석한다. 관에서 만든 지도에 접근하기 쉽지 않았던 시절이었는데 당시 병조판서였던 신헌申櫶의 도움을 많이 받았다. 그 덕분에 18세기에 제작된 지도의 장단점을 고르게 분석하고 여러 지도의 정보를 비교해서 상당히 많은 오류를 바로잡았다. 그리고 한번 제작한 지도는 판본을 바꿔가며 끊임없이 오류를 반복해서 수정했다. 그렇게 탄생한 것이 1861년에 완성된 대동여지도다. 대동여지도 역시 오류를 수정해 1864년에 재판했다.

조선의 지도 제작 기술을 집대성한 대동여지도 ━━━

18세기에 왕성하게 지도를 제작하면서 발전된 기술은 김정호의 혁신적 성과로 이어졌다. 대동여지도가 조선의 지도 제작 기술을 집대성한 수작임을 보여주는 특징을 몇 가지 짚어보자. 우선 정교한 지도를 만들자면 지도가 커질 수밖에 없고 휴대성이 떨어진다. 그래서 김정호는 정확성과 휴대성 두 마리 토끼를 모두 잡기 위해 한반도를 22줄 등간격으로 나눠 자른 다음 각 줄을 접으면 책이 되게 지도를 제작했다.

대동여지도는 22권짜리 지도책이다. 각 책은 특정 지역의 정보를 담고 있으며 22권을 모두 펼쳐 연결하면 조선전도가 된다. 원하는 지역이 몇 쪽에 실려 있는지 바로 알 수 있도록 1권에 지역별로 번호를 매기고 색인을 넣어 원하는 곳을 바로 찾을 수 있게 만들었다. 오늘날 우리가 흔히 접하는 지도책과 동일한 원리로 제작된 것이다.

이처럼 정확성과 실용성을 동시에 확보하고자 하는 노력은 곳곳에서 혁신을 낳았다. 이전까지 대부분의 지도는 손으로 직접 옮겨 그리면서 제작했다. 이 때문에 지도마다 조금씩 차이가 났을 뿐만 아니라 제작 속도도 더뎠다. 김정호는 이를 극복하기 위해 지도를 목판에 새겼다. 그리고 판화처럼 찍어서 무한정으로, 균일하게 제작할 수 있는 지도를 만들었다. 목판에 새기다 보니 글자가 너무 많이 들어가면 판각이 쉽지 않았다. 그래서 기호를 적극 활용해 여러 지형지물을 최대한 간단하게 표기하고 기호 색인을 첫 권에 밝혀 적었다.

또 단단하지만 판각이 쉽지 않은 삼나무나 단풍나무가 아니라 재질이 부드러운 피나무를 사용해 타각(망치질)을 하지 않고도 손쉽게 목판본 지도를 제작할 수 있었다. 목판 자체를 수정해야 할 때는 필요한 부분만 도려내고 나무를 다시 갈아 끼워 넣는 방식을 택했다. 이 역시 재질이 부드러운 피나무여서 용이했다. 목판본으로 만든 지도임에도 수시로 수정이 가능했던 이유다. 이에 대해서는 김정호가 가난한 중인 출신이라 재정이 넉넉지 않아 재료비를 아끼려고 피나무를 사용한 것이고 양면판각을 한 것도 마찬가지 이유였다는 견해도 있다.

이 외에도 페이지마다 축척을 통일해서 대략 16만 : 1 축척으로 제작했으며 첫 권에는 모눈을 그려 넣고 매방십리(눈금 한 칸이 10리=약 4킬로미터)라고 표시해둬 항상 실제 거리를 가늠하기 쉽게 했다. 산이 많은 한국지형의 특징을 살리기 위해 이전처럼 산을 점으로 표시하지 않고 산맥과 줄기를 그려 넣었다. 또 10리마다 방점을 찍어 실제 거리를 예측 가능하도록 했다. 배가 진입할 수 있는 물길은 2줄로, 진입하기 어려운 물길은 1줄로 그려 넣기도 했다.

이런 수많은 아이디어와 노력이 모여 많은 정보를 담으면서도 깔끔하고, 방대하면서도 실용적인 지도가 탄생한 것이다. 데이터 수집과 분석 능력, 수학적이고 실용적인 태도, 사람들에게 유용한 지도를 널리 보급하겠다는 분명한 목표, 그리고 엄청난 근성이 더해져 대동여지도가 만들어졌다.

지배층이 지식과 권력을 독점하는 신분사회에서 지도를 민중과 나누겠다는 생각은 위협적이었다. 지도는 늘 권력을 가진 사람들의 도구였다. 19세기 후반 조선은 국운이 기울어져가는 위태로운 상태였다. 하지만 동시에 서양문물과 과학기술이 들어와 내적으로 다양한 가치관이 치열하게 각축을 벌이던 시기이기도 하다.

실학사상의 등장 또한 이와 무관하지 않고 김정호 역시 실학사상의 영향을 받았으리라 추측할 수 있다. 19세기 실학파 지식인들이 보던 책 가운데 《기하원본幾何原本》은 유클리드의 《원론》을 번역한 것이다. 이런 시대적 배경 속에서 김정호는 조선에 존재하던 다양한 지도를 종합하고 거기에 체계적인 지도 제작 기법을 더해 우수한 지도를 만들었다.

김정호 이전까지 조선의 지도 제작기술은 수학적 관점에서 보자면 한참 뒤처져 있던 게 사실이다. 그러나 김정호에 이르러 그 수준이 비약적으로 발전했으며 이는 시대상황과 밀접하게 연관돼 있다.

수학의 눈으로 보면 다른 세상이 열린다

– 스마트폰이 일상화된 시대, 종이지도를 보는 능력이 여전히 필요할까?

– 지도 도해력을 통해 분석 가능한 일상의 문제를 떠올려보자.

– 게임을 비롯해 지도를 보고 공간의 특징을 이해했던 경험을 찾아보자.

– 여러 가지 투영법을 조사해보고 각 투영법이 가진 장점과 단점을 알아보자.

교과과정 연계

중학교 수학 1: 기본도형, 입체도형의 성질

중학교 수학 2: 도형의 닮음

중학교 수학 3: 삼각비

고등학교 수학: 함수

고등학교 기하: 공간도형과 공간좌표

《신곡》에서 지옥과 연옥은 철저하게 도덕과 욕망을 수직적으로 서열화한 공간이다.
단테는 이를 시각적으로 묘사하기 위해 수학적 도구, 즉 도형을 사용했다.

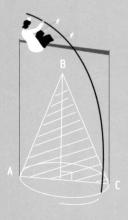

8

·

가지 않기 위해
만들어진 지도

《신곡》

사후세계는 어떤 모습일까?

20세기 후반 대다수 한국인들은 세상이 언제나 진보하는 것이라고 믿었다. 경제는 가파르게 성장했고 민주주의도 발전했다. 산업화와 민주화를 동시에, 그것도 전 세계에 유례가 없을 만큼 아주 빠르게 달성했다는 자부심이 대단했다.

21세기 들어 확고한 믿음은 다양한 방식으로 흔들리고 있다. 1997년 외환위기로 경제는 크게 휘청거렸다. 전직 대통령인 이명박과 박근혜의 당선과 구속을 거치며 민주주의 역시 언제든 퇴보할 수 있다는 값비싼 깨달음도 얻었다. 그런가 하면 기후와 같이 변화 주기가 상당히 긴 현상마저도 몇 세대 안에서 눈에 띄는 변화가 감지되고 있다.

이를 선으로 나타내보면 어떨까. 지속적으로 진보한다는 생각은 다음 페이지에 나타낸 것 중 첫 번째, 직선에 비유할 수 있다. 이를 살짝 수정하면 두 번째 선에 가까워진다. 미시적으로 관찰하면 끊임없이 오르락내리락하지만 전체적으로 보면 꾸준히 진보한다는 생각이다. 세 번째는 진보적 세계관이라기보다 회귀적 세계관에 가깝다. 본질적인 문제는 돌고 돌아 반복된다는 것이다. 네 번째는 나선형이다. 매번 비

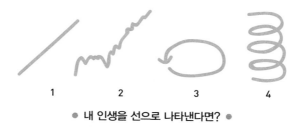

숫한 패턴을 반복하는 듯하지만 조금씩 상승하며 발전한다.

> 인생이 한 방향으로 진행된다는 데에는 나도 동의하지만, 살아보니까 그건 나
> 선형에 가까운 진행이다.
>
> 김연수/김중혁, 《대책 없이 해피 엔딩》, 씨네21북스, 2012, 232쪽

각자의 인생을 그래프로 표현한다면 어떤 모습일까? 내 경우엔 나이가 들어가면서 1번에서 2번, 다시 2번에서 3번과 비슷한 모양으로 인생 그래프가 바뀌었다. 3번에 머무르고 있을 땐 계속 인생에 대한 회의가 밀려왔다. 억지로라도 그 감정을 몰아내고 싶었다. 내 인생은 소중하니까. 그러다 위 문장을 읽는데 바로 이거다 싶었다. 인생은 매번 제자리로 돌아오는 듯하지만 조금씩 상승하는 나선이라고 생각하고 싶었다. 나아지고 있다는 것을 확인하고 싶은 마음 때문이었다.

누군가 원 밖의 세상을 본다면 ━━━

현존하는 가장 오래된 지도책은 사람들이 그 지도를 보고 어딘가로 갈 필요가

전혀 없도록 고안됐다.

…

중세시대에 사람들은 대부분 자신이 태어난 곳에서 30킬로미터 이상 벗어나보
지 않은 채 살고, 일하고, 결혼하고, 죽었다.

켄 제닝스, 《맵헤드》, 글항아리, 2013, 242쪽

인생 곡선은 인생을 바라보는 각자의 태도에 수학적 상상력이 더해
져 만들어진다. 직선은 일관성을 나타낸다. 기울기는 상승 또는 하강
의 관념을 표현한다. 진동하는 곡선은 삶은 생각보다 훨씬 복잡하다고
말하는 듯하다. 원은 순환, 반복되는 상태를 표현한다. 나선은 상승과
순환의 이미지가 결합된다. 나선은 3차원 곡선이기 때문에 더 입체적
인 상상이 가능하다.

중세시대 지도의 특징도 이와 비슷하다. 중세 유럽의 종교적 가치관
에 수학의 기하학적 상징성을 더했다. 대표적인 것이 'TO지도'인데 지
구 전체를 알파벳 T와 O를 결합한 형태로 단순화시켰다. 세계를 원형
으로 인식하는 것은 완전한 세계라는 관념과 연결돼 있다. 물길을 T자
형으로 배치한 것은 당시까지 파악했던 아프리카, 아시아, 유럽, 3대륙
을 최대한 상대적 위치만 고려해 단순하게 표시하고 세계지도의 중심
부에 예루살렘을 배치하기 위함이었다.

한마디로 정교함에는 관심이 없고 종교적 상징을 드러내기 위해 지
도를 단순한 기하학적 이미지로 표현한 것이다. 고대 그리스 지도가
그때로부터 약 1000년 전에 유럽 대부분과 아프리카와 아랍 일부 지역
까지 정교하게 묘사했던 것에 비하면 이것은 지적 퇴행이다.

수학의 눈으로 보면 다른 세상이 열린다

● 중세시대 TO지도 ●

중세 유럽은 모든 지식을 종교가 독점하던 시대였다. 교육도 마찬가지였다. 권력자들 입장에서 새로운 발견이나 확장은 그렇게 중요하지 않았다. 대다수 민중은 글을 알지도 못했다. 대부분의 지식은 라틴어로 기록돼 있었다. 사람들은 종교가 시키는 대로 했고 종교가 알려주는 대로 믿었다. 역설적으로 사람들이 너무 많이 알면 믿음은 유지되기 어렵다.

누군가 원 밖의 세상을 보는 순간 TO지도의 조화는 망가진다. 그래서 중세 유럽 사람들은 열심히 '가지 않기 위해 만들어진 지도'를 그렸다. 이 지도가 진리라고 믿고 그 밖의 세상은 궁금해하지 말라는 것이다. 믿음으로 지도를 만들고, 지도로 믿음을 지켰다.

단테가 그린 지옥-연옥-천국

그렇다면 중세 유럽 사람들이 인식한 내세는 어떤 모습이었을까? 단테가 묘사한 지옥-연옥-천국을 한 그림 안에 담으면 대략 다음과 같다.

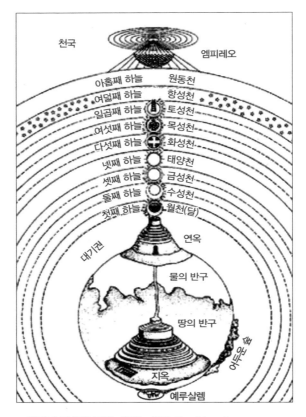

천국

엠피레오

아홉째 하늘　원동천

여덟째 하늘　항성천

일곱째 하늘　토성천

여섯째 하늘　목성천

다섯째 하늘　화성천

넷째 하늘　태양천

셋째 하늘　금성천

둘째 하늘　수성천

첫째 하늘　월천(달)

대기권　연옥

물의 반구

땅의 반구

지옥

예루살렘

● **단테가 묘사한 지옥-연옥-천국** ⓒ wikimedia commons ●

　《신곡》은 작중 인물로 직접 등장하는 작가 단테가 7일간 내세를 이루
는 지옥-연옥-천국을 두루 여행하는 내용을 담은 기독교 버전 서사시
이자 판타지다. 대부분 고전 명작이 그렇듯이 배경지식이 없으면 지루
하기 짝이 없는 작품이다. 게다가 어려운 이름이 끝도 없이 계속 나오고
소설보다는 시에 가깝기 때문에 기승전결도 딱히 없어 보일 수 있다.

　그러나 14세기 이탈리아가 르네상스 중심지였고 르네상스를 통해 그리스 고전이 부활했다는 사실을 알고 있다면, 혹은 중세 유럽을 지배했던 종교적 사고 구조가 어떤 모습인지 궁금하다면 이 잡다한 책을 재밌게 읽을 수 있다. 백과사전식 작품이기 때문에 당시 사람들의 생각을 작은 지도처럼 요약해놓았다.

신곡은 총 100칸토(곡)로 구성돼 있다. 1곡은 전체 도입부이고 지옥, 연옥, 천국이 각각 33곡으로 구성돼 있다. 곡 구성을 보면 단테는 숫자의 상징성을 좋아하는 것 같다. 10진법의 세계에서 100이란 숫자는 완결성을 나타내고, 3이란 숫자는 삼위일체와 연결된다고 한다. 어릴 적 가장 좋아하는 숫자가 5였는데 곱셈이나 나눗셈을 하기도 편했고 10진법 기준으로 한가운데를 의미하기도 했기 때문이다. 중세에 사용된 수학, 특히 수의 의미는 종교적 상징을 나타내는 수단인 경우가 대부분이다.

사람들이 직접 경험한 적 없는 지옥, 연옥, 천국을 어떻게 이미지화해서 드러낼 것인가? 중세 기독교 세계를 완결적으로 보여주고 싶어 했던 단테가 작품을 쓰면서 가장 고민했던 부분은 이것이 아니었을까? 《신곡》이 나왔을 때 가장 기뻐한 건 기독교를 전파하거나 교육하는 사람들이었을 것 같다. 중세 유럽을 한눈에 들여다보고픈 사람에게도 이렇게 압축적으로 요약된 책이 있다는 건 참 고마운 일이다.

중세의 지식을 총망라한 상상의 지도

고대부터 중세까지 유럽사회를 지배했던 지식을 모두 동원해서 묘사한 지옥, 연옥, 천국은 간단한 도형으로 그릴 수 있다.

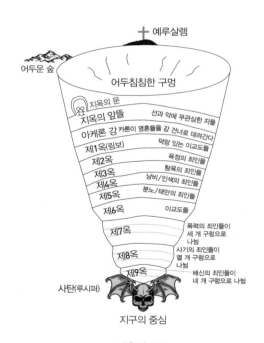

● 지옥의 구조 ●

수학의 눈으로 보면 다른 세상이 열린다

우선 지옥은 역삼각형 모양의 원뿔형이다. 위에서부터 차례로 제1옥에서부터 제9옥까지 존재하며 뒤집어진 원뿔 모양이다. 지하로 깊이 들어갈수록, 즉 지구 중심부를 향할수록 공간은 점점 좁아지는데 각 층마다 각기 다른 죄를 지은 사람들로 바글거린다. 특별히 죄를 지은 것은 아니지만 기독교를 믿지 않았던 사람들이 거처하는 제1옥 림보에는 호메로스, 카이사르, 소크라테스, 플라톤, 아리스토텔레스, 데모크리토스, 제논, 오르페우스, 유클리드, 프톨레마이오스, 히포크라테스 등 그리스 로마 시대를 풍미했던 역사적 인물들로 가득 차 있다.

기독교가 본격적으로 유럽을 지배하기 이전에 살았던 그리스 로마의 위인 다수를 림보에 모아놨다. 중세는 그리스 로마의 지적유산을 물려받았다. 그렇지만 종교적 관점이 달랐기 때문에 중세 이전 시대를 중세의 전사前史 정도로 이해하고 있는 게 아닐까 싶다. 여러 훌륭한 업적에도 불구하고 기독교를 믿지 않은 사람들은 미흡한 정신세계를 가진 것으로 간주했다. 그런 이들이 모여 있는 곳이 림보인데 이곳을 통해 중세시대의 가치관을 엿볼 수 있다.

지구 중심부에는 사탄, 악마, 타락한 천사 등으로 불리는 루시퍼가 버티고 있다. 루시퍼에게 오독오독 씹히고 있는 자들 가운데 역시 가장 나쁜 놈들은 믿음을 저버린 자들이다. 지옥에 대한 묘사는 중세인들이 이해한 지구의 구조를 살펴볼 수 있어 흥미롭다. 지구가 둥글다고 생각했기 때문에 땅속을 뚫고 계속 들어가면 반대편으로 나온다. 그리고 지구 중심을 지나는 순간 땅을 뚫고 들어가던 행위는 땅을 뚫고 나오는 행위로 바뀌기 때문에 루시퍼가 갑자기 거꾸로 처박혀 있는 것처럼 보인다. 직선으로 움직이는데 하강이 상승으로, 들어가는 행위가

나오는 행위로 바뀐다. 단테는 이제 지구 반대편에 도착해 있다. 연옥
이다.

연옥에서 다양한 죄를 씻다 ━━━

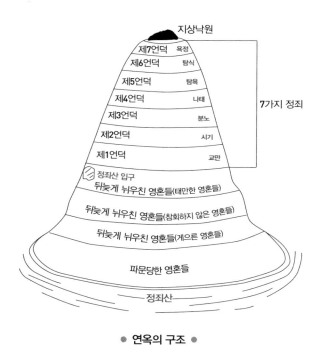

• 연옥의 구조 •

　지상에 위치한 연옥은 지옥과 정반대로 원뿔형 피라미드식 구조다.
산을 따라 올라가며 다양한 죄를 씻는 절차를 밟는다. 쉽게 말해 연옥
은 천국에 가기 전에 죄를 씻는 공간으로 천사가 관장하는 곳이다. 지
옥과 인간 세계와 신의 세계를 연결하는 중간계라 할 수 있다. 그 꼭대
기에는 지상낙원이 있고 끝까지 올라 죄를 정화하고 나면 드디어 천국

　　　　　　　　수학의 눈으로 보면 다른 세상이 열린다

에 오르게 된다.

천국의 하늘은 아홉 개 동심원 구조로 돼 있다(172쪽 그림 참조). 순서는 (지구)-월천(달)-수성천-금성천-태양천-화성천-목성천-토성천-항성천-원동천이다. 중세 유럽은 프톨레마이오스가 정립한 천동설을 믿었고, 행성 인식 범위는 토성까지였음을 알 수 있다.

여덟 번째 하늘인 항성천에 이르면 사도 베드로, 사도 야고보, 사도 요한, 아담이 등장하고 아홉 번째 하늘인 원동천에 이르면 가장 순수한 빛의 하늘인 엠피레오가 나타난다. 하느님을 완전하게 인식하고 싶다는 단테의 소망은 이렇게 이뤄지지만 신은 빛의 형태로 다소 모호하게 묘사된다.

도덕과 욕망을 서열화한 공간 ━━━

《신곡》에서 지옥과 연옥은 철저하게 도덕과 욕망을 수직적으로 서열화한 공간이다. 서열 순위를 보면 중세가 생각한 도덕관을 쉽게 알 수 있는데 이를 시각적으로 묘사하기 위해 수학적 도구, 즉 도형을 사용했다. 원뿔은 밑으로 갈수록 공간이 좁아진다. 닮음 도형에서 부피비는 길이비의 세제곱이기 때문에 가장 깊은 제9옥까지 들어가면 공간의 부피는 $\frac{1}{9}$이 되는 것이 아니라 $\frac{1}{9^3} = \frac{1}{729}$이 된다.

공간이 희소해질수록 죄의 무게감은 더해진다. 연옥도 마찬가지다. 희소해질수록 정화의 기쁨은 커진다. 단테는 사람들에게 선명하게 보여주고자 했다. 저 고통스런 지옥으로 깊이 들어가는 자는 누구이며 지상낙원을 향해 올라갈 때 씻어야 할 죄는 무엇인지 말이다. 착하게 살아라. 착하게 살려면 내가 알려주는 죄를 짓지 말아라. 단테는 이렇게 말하고 있는 것 같다.

지옥 아래로 깊이 들어갈수록 공간은 좁아지고 죄는 무거워진다. 그 순서는 다음과 같이 정리할 수 있다.

욕정-탐욕(돈)-낭비-분노-이단-폭력-사기-배신

연옥은 대략 이 역순으로 죄를 정화하며 지상낙원으로 향한다.

교만-시기-분노-나태-탐욕-탐식-욕정

중세시대의 사고방식으로는 배신이 제일 무거운 죄다. 믿음, 즉 신앙과 직결되기 때문이다. 두 번째로 무거운 죄가 사기인 것도 믿음과 관련이 있다. 욕정과 탐욕을 큰 죄로 벌하는 것은 금욕주의적 세계관의 반영이다. 지금과는 기준이 많이 다르다. 일부 교회는 돈 많이 벌어서 많이 헌금하는 것을 좋은 일이라고 말한다. 일부 대형 교회는 부동산 투기도 열심히 한다. 중세시대까지만 해도 과도한 부는 누군가에게서 뺏어온 것이라는 인식이 있었다.

수학의 눈으로 보면 다른 세상이 열린다

신격화된 우주를 설명하는 단테의 방식

단테는 중세까지의 모든 지적 성과를 작품에 담으려 했다. 중세 우주는 지구를 중심에 둔 지구중심설(천동설)에 기초해 있다. 지구중심설은 고대 그리스에서 완성되었다. 고대 그리스에서도 태양중심설(지동설)이 있었지만 힘을 얻지 못했다. 지구중심설의 시작은 피타고라스였다. 만물은 수로 이루어져 있다는 믿음을 가졌던 피타고라스학파는 우주 역시 수학적인 규칙의 지배를 받는다고 생각했다. 또한 우주 자체가 완전하기 때문에 가장 완전한 형태인 원운동을 반복한다고 생각했다. 우주를 처음 코스모스cosmos(질서)라고 부르기 시작한 것은 피타고라스였다. 피타고라스학파에 속하는 히케타스와 에크판토스는 지구가 우주의 중심에 있다고 가정했다.

이 생각을 플라톤이 이어받았다. 플라톤이 우주론에 대해 쓴 책이 《티마이오스Timaios》인데 티마이오스는 피타고라스의 제자다. 플라톤은 《티마이오스》에서 우주를 창조한 이가 훌륭하고 선했기 때문에 최대한 우주가 자기 자신과 비슷한 상태가 되기를 바랐다고 적었다. 플라톤은 피타고라스가 주장했던 원운동의 아이디어를 그대로 이어받았다. 또 천구의 탄생과 함께 시간이 생겨났다고 말했다. 플라톤의 제자인 에우독소스와 아리스토텔레스는 지구를 중심으로 여러 행성이 회전하는 동심원형 모델을 주장했다.

고대 그리스 시대에는 신의 질서에 대한 상징을 담기 위해 숫자든, 도형이든 가능한 수학적 설명을 두루 동원했다. 이런 지적 전통은 중세 유럽으로 이어졌다. 우주는 신격화돼 있다. 동시에 신은 인격화돼 있다. 따라서 우주는 인격화돼 있다.

고대 그리스 시대 우주관을 종합한 프톨레마이오스는 지구를 중심으로 달-수성-금성-태양-화성-목성-토성이 회전하는 모델을 완성했다. 그리고 프톨레마이오스의 천동설이 중세를 지배했다. 프톨레마이오스는 수학에 능통했다. 플라톤이나 아리스토텔레스가 우주를 인격화해 설명하려 한 반면 프톨레마이오스는 우주에서 인격을 생략하고 우주를 기하학적으로 설명하는 데 주력했다. 관찰한 결과를 잘못된 전제에 끼워 맞추려 하니 설명은 상당히 복잡했다. 간단한 예로 행성의 역

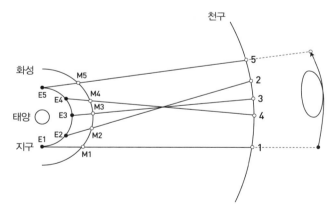

● 태양중심설, 화성의 역행운동 설명 ●

수학의 눈으로 보면 다른 세상이 열린다

행운동을 들 수 있다.

　지구와 화성의 공전 속도 차이 때문에 우리 눈에는 화성이 스프링처럼 운동하는 것으로 보인다. 즉, 행성이 역행하는 것으로 보이는 구간이 있다. 태양중심설은 위의 그림처럼 이 현상을 아주 쉽게 설명할 수 있다.

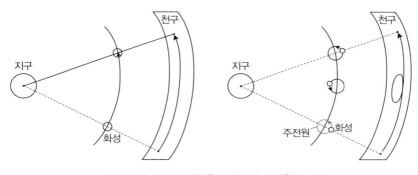

● 지구중심설, 화성의 역행운동 설명과 주전원의 도입 ●

　그런데 지구중심설은 행성의 역행운동을 설명하기가 쉽지 않다. 그래서 프톨레마이오스는 위에서 오른쪽 그림처럼 화성 운동에 주전원을 도입해서 이 문제를 해결했다. 화성(행성)은 지구 주변을 돌면서 동시에 주전원이라는 자체 궤도를 도는 이중 원운동을 한다는 것이다. 이런 식으로 관찰한 현상과 모순되지 않는 모델을 만들다 보니 원의 개수가 엄청나게 많아졌다.

　잘못된 전제를 고수했음에도 프톨레마이오스의 모델은 상당히 정교해서 관찰결과와 오차가 그렇게 크지 않았다. 지동설을 주장했지만 원운동을 포기하지 않았던 코페르니쿠스와 비교해봐도 오차는 비슷비슷했다. 역설적으로 잘못된 전제를 가지고도 현상을 모순 없이 설명하려면 수학을 정말 잘해야 한다. 이 정교함 덕분에 프톨레마이오스의 모델은 1000년 이상 지배력을 행사하게 됐다.

수학적인 정교함 외에도 중세 기독교가 프톨레마이오스의 천동설을 선호한 이유가 있다. 단테가 묘사했듯이 연옥의 지상낙원에서 천국으로 향하는 기독교의 우주를 설명하는 데 천동설이 제격이었기 때문이다. 지구를 중심에 놓는 설정은 현실세계에서 연옥을 거친 후 우주를 건너 천국에 이른다는 기독교 세계관을 설명하는 데 효과적이다.

과거로부터 자유로운 것은 없다 ━━━

보통 갈릴레이나 케플러를 근대적인 물리법칙의 시작으로 본다. 정량적이고 통계적인 분석, 정확한 관측 데이터, 수학적 논리 전개 등 근대 과학혁명은 수학과 불가분의 관계에 놓여 있다. 그래서 사람들은 자주 오해한다. 중세시대에는 수학적으로 사고하지 않았을 것이라거나, 반대로 근대에는 수학적 사고가 대세였을 것이라고 말이다.

고대 그리스의 기하학 중심의 사고방식과 원운동에 대한 관념은 오래 지속됐다. 르네상스 시대 지동설을 주장했던 코페르니쿠스나 갈릴레이도 원운동에 대한 관념은 포기하지 않았다. 케플러가 관측 자료를 바탕으로 행성이 타원운동을 한다는 사실을 밝혀낸 후에도 한동안 행성의 원운동은 사실로 받아들여졌다. 데카르트나 뉴턴처럼 근대 과학혁명에 지대한 공헌을 하고, 수학적 사고를 논리 전개의 으뜸으로 여긴 사람들도 신을 열심히 믿었고, 중세의 흔적을 간직하고 있었다. 그 어떤 혁명적 변화도 과거로부터 완전히 자유로운 것은 없다.

> 엄밀히 말하자면 단테의 몽환적인 3운구법의 시 《신곡》이 지도 제작술에 관여
> 하지는 않았지만, 그럼에도 단테가 창조한 지옥과 연옥, 천국의 '정확한' 지도
> 를 표현하는 것은 르네상스 시대에 유행한 소일거리였으며 보티첼리부터 갈릴
> 레오까지 그 시대의 명사들이 이 일에 달려들었다. 이는 현대의 셜록 홈스 팬인
> '셜로키언'들이 셜록 홈스와 닥터 왓슨을 마치 역사 속 실존 인물인 것처럼 대하
> 며 진지한 논문을 쓰는 것처럼, 가짜 학술 연구라고 할 수 있다.
>
> 켄 제닝스, 《맵헤드》, 글항아리, 2013, 52쪽

14세기는 중세의 황혼기다. 12세기부터 생겨나기 시작한 대학은 교회가 독점하던 교육 시스템을 흔들었다. 이슬람 세계로부터 흘러들어온 고대 그리스 고전은 잠들어 있던 다양한 상상력을 깨우기 시작했다. 상업으로 돈을 번 사람들은 도시를 발달시켜 자치권을 확대하려고 했다.

단테는 이 혼돈의 시기에 명확한 진리의 기준을 재정립하고자 했다. 이미 균열이 가기 시작한 중세를 옹호하는 것으로는 부족했다. 단테는 그가 생각하는 사회개혁의 내용을 담아 다양한 분야의 저서를 남겼다. 그리고 최대한 많은 사람들에게 전파하기 위해 라틴어가 아닌 이탈리아어를 썼다. 세종대왕의 한글 창제와 같은 맥락이다. 그러면서도 한편으로는 중세 유럽의 기독교를 종합하고 다듬어서 사람들에게 구원의 길을 보여주려고 했다.

봉건 중세의 종결, 근대적 자본주의의 개막은 한 명의 위대한 인물로 요약될 수 있다. 그는 이탈리아인 단테로서 중세의 마지막 시인인 동시에 근대 최초의 시인이다.

프리드리히 엥겔스

생각노트

- 내 인생의 곡선을 그려본 후 그 특징을 설명해보자.
- 중세시대 지도가 고대 그리스 시대 지도보다 훨씬 정교하지 못한 이유는 무엇일까?
- 각자가 생각하는 우주를 기하학적으로 표현해보자. 이를 실제와 비교해 틀린 부분이 있는지 파악해보자.

교과과정 연계
중학교 수학 1: 입체도형의 성질
중학교 수학 2: 도형의 닮음
고등학교 기하: 공간도형과 공간좌표

수학의 눈으로 보면 다른 세상이 열린다

두 개의 1차원 세계가 만났을 때 서로 넘나들 수 있는 방법은 없다.
질적으로 다른 차원으로 넘어가야만 서로의 세계가 연결된다.

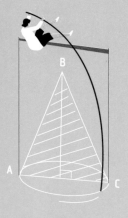

·

직선을 벗어난
소녀와 킬러

〈3개의 식탁, 3개의 담배〉

"모든 곡선은 직선이야."

"모든 수박은 과일이야."라는 문장은 참이다. 반대로 "모든 과일은 수박이야."라는 문장은 거짓이다. 수박이 과일에 포함되기 때문이다. 곡선은 연속적인 점들의 집합으로 면적은 갖지 않는다. 이에 따르면 직선도 곡선에 포함된다. 따라서 "모든 직선은 곡선이야."라는 문장은 참이지만 "모든 곡선은 직선이야."라는 문장은 거짓이다. 수학에서 어떤 명제의 참, 거짓은 포함관계에 따라 결정된다.

모든 곡선은 직선이야. 앞으로 나가기만 하면 돼.

김중혁, 〈3개의 식탁, 3개의 담배〉, 《1F/B1 일층, 지하 일층》, 문학동네, 2012, 133쪽

문학적 수사가 아닌 이상 이 문장은 앞뒤가 맞지 않는다. 그런데 정의를 달리하면 곡선이 직선일 수도 있다. 이게 무슨 말일까? 일반적으로 평면상에 두 점이 있을 때 두 점을 잇는 최단거리는 선분이다. 그리고 선분을 무한히 연장하면 직선이 된다.

수학의 눈으로 보면 다른 세상이 열린다

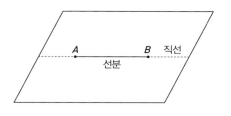

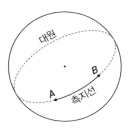

● **평면에서 두 점을 잇는**
  최단거리＝선분 ●

● **구면에서 두 점을 잇는**
  최단거리＝측지선 ●

자, 이제 두 점을 잇는 최단거리를 선분, 이를 연장하면 직선이라고 정의하고, 지구를 완벽한 구라고 가정해보자. 구면 위에 있는 두 점을 잇는 최단거리를 측지선이라고 한다. 지구는 둥글기 때문에 땅을 파고 들어가지 않는 이상 측지선은 상식적으로 생각하는 직선과 다르다. 그런데 직선을 최단거리와 연결시켜 정의하면 곡선도 직선이 된다.

최단거리라는 측면에서 생각해보면 평면에서 직선일 수 없던 것이 구면에서는 직선이 된다. 세계가 달라지면 곡선도 직선이 될 수 있다!

3차원에서는 2차원을 넘나들 수 있다 ━━━

중학교에서 도형을 배울 때 제일 먼저 점, 선, 면 개념을 배운다. 도형을 이해하는 기본 요소이기 때문이다. 점은 위치만 있고 길이나 면적이 없다. 점을 이어 연장하면 선이 생긴다. 선은 길이를 갖는다. 선을 연속적으로 연장하면 면이 생긴다. 면은 면적을 갖는다.

공간도형은 고등학교 때 본격적으로 다룬다. 점을 0차원, 선을 1차원, 면을 2차원, 입체를 3차원이라고 하면 0차원의 연장이 1차원, 1차원의 연장이 2차원이다. 이러한 사고를 이어가면 3차원 개념도 쉽게 이해된다. 면을 연속적으로 연장하면 입체가 생긴다. 입체는 부피를 갖는다.

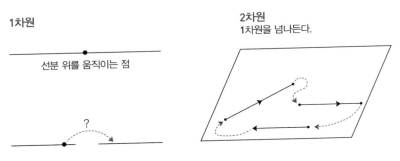

● **무수한 1차원 세계를 포함하는 2차원 세계** ●

여러분이 선 위를 움직이는 점이라고 하자. 점은 수학적으로 길이만 있고 면적이나 부피 개념이 없는 1차원 세계 속에 있다. 선 끝에 도달하면 또 다른 선으로 넘어갈 방법이 없다. 그러나 면적이 존재하는 2차원 속에 있다면 선 위에서 또 다른 선 위로, 즉 1차원에서 또 다른 1차원으로 간단히 점프해서 넘어갈 수 있다. 1차원 세계에서는 1차원 밖을 상상할 수 없다. 선 바깥은 없기 때문이다. 1차원에 속한 존재에게 선을 벗어난 세계는 모두 인식할 수 없는 외부다.

2차원과 3차원의 관계도 마찬가지다. 3차원 안에는 무수히 많은 2차원이 존재한다. 입체 안에는 무수히 많은 면이 존재한다. 2차원 세계에서는 2차원 밖을 상상할 수 없다. 2차원 세계에 있는 존재에게 면을 벗어난 세계는 모두 인식할 수 없는 외부다.

수학의 눈으로 보면 다른 세상이 열린다

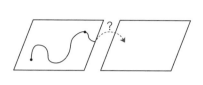

2차원

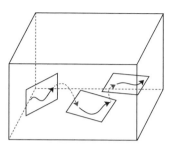

3차원
2차원을 넘나든다.

● **무수한 2차원 세계를 포함하는 3차원 세계** ●

그렇다면 3차원에서 3차원으로 이동하는 일도 가능할까? 3차원 세계에 살고 있는 우리에겐 상상하기 어려운 일이다. 3차원 세계 외부의 존재를 알 수 없기 때문이다. 경험한 적은 없지만 4차원 세계가 있다고 가정해보자.

4차원 세계에는 무수히 많은 3차원이 존재하고 3차원에서 또 다른 3차원으로 이동하는 일이 가능하다. 높은 차원에 있을 때는 낮은 차원의 세계를 인식할 수 있지만 그 반대는 불가능하다.

두 개의 세계는 어떻게 연결될 수 있을까?

SF는 'science fiction'의 줄임말로 SF소설이라 하면 과학 지식에 기초해 쓰인 소설이라는 일차적 의미를 갖는다. 과학과 공상의 경계는 늘 모호하지만 그 장르가 갖는 영역의 애매함과 무관하게 SF장르는 존재한다. 나만 해도 마니아까지는 아니어도 SF영화를 제법 챙겨 보는 편인데 이야기가 그럴듯하지 않으면 신경이 쓰인다.

그럴듯하게 보이려면 수학적, 과학적 사실이 적당히 동원돼야 한다. 일단 현실과 다른 몇 가지 전제를 깔아주고(이것부터 받아들이지 않는 사람은 대체로 SF라는 장르와 친해질 수 없다.) 그 안에서 크게 모순만 없다면 충분히 리얼리티를 획득할 수 있다.

〈3개의 식탁, 3개의 담배〉는 SF소설에 가깝다. 시공간은 미래의 지구, 정확한 시점은 알 수 없다. 여기서 조건 없이 받아들여야 할 전제라면 담배로 폭약을 만들어 원하는 부분만 우주로 날려버릴 수 있을 정도로 킬러의 기술이 발달했다는 정도일 뿐. 자동차가 고속도로를 시속 200킬로미터 정도로 달리는 것으로 보아 현재 지구와 물리적 환경이 아주 많이 다른 것 같지는 않다.

수학의 눈으로 보면 다른 세상이 열린다

하나 더. 사람마다 남은 수명을 시hour 단위로 표시한 시계를 차고 있고 그 시계에 찍힌 숫자가 사람의 이름이 된다. 사람은 단지 숫자로 호명된다. 마치 감옥에서처럼. 정체성은 남아 있는 수명으로 인식되기 마련이고, 삶은 언제나 소멸을 향해 달려가는 여정에 불과하다. 죽음이 일상적인 삶을 지배한다. 수명을 결정하는 것은 메갈로시티 라이프 컨트롤센터다.

등장인물은 킬러와 소녀. 킬러 2021394199가 소녀를 처음 만난 순간에 소녀의 이름은 100이다. 1시간이 지날 때마다 삶이 1퍼센트씩 닳아 없어지는 이 소녀는 죽음에 대한 공포에 지배당하고 있다. 반면 소녀와 대비되는 인물인 킬러는 감정을 억누른 채 표정 없이 살아간다. 남아 있는 시간이 다를 뿐 죽는 건 어차피 모두 똑같다고 말하면서.

상상할 수 없을 정도로 작은 존재 ━━━

흔히 생각이 단순한 사람을 일컬어 1차원적 인물이라는 표현을 쓴다. 이것 아니면 저것이라는 식으로 양자택일밖에 생각하지 못하는 사람에게 쓰는 말이다. 킬러에게 삶은 작업(청부살인)과 또 다른 작업을 잇는 단순한 과정의 반복이다. 순차적으로 놓인 점(살인)을 연결하는 1차원적 삶이다. 요컨대 그의 삶은 선형이다. 1차원 세계에서 길은 하나이므로 그는 길을 선택할 필요가 없다. 내비게이션을 켜서 다음 목표물의 주소를 입력할 때 나타나는 길을 선택할 뿐이다. 킬러는 언제나 선위에 있기 때문에 선 밖의 삶을 인식할 수 없다. 전진 아니면 후진 밖에 없다.

메갈로시티는 마츠모토 레이지松本零士의 《은하철도 999》에 등장하는 메갈로폴리스를 연상시킨다. 부유층이 사는 첨단도시 메갈로폴리스에서는 죽음을 두려워한 인간들이 거액을 들여 육체를 기계화한다. 메갈로폴리스 기계인간은 죽음을 극복한 대신 감정도 사라지는데 이는 킬러가 삶을 대하는 태도와 통하고, 기계인간이 결국 죽음에 대한 공포 때문에 기계화를 선택했다는 점에서는 소녀의 공포와 통한다. 스스로 자신의 운명을 결정할 수 없을 때 남는 마음은 체념 아니면 공포뿐이다.

체념하지 않으면 공포를 느끼고, 공포를 느끼지 않으려면 체념해야 하니 체념과 공포는 동전의 양면과 같다. 킬러 역시 극단적인 공포와 싸우고 있고 그 공포를 이겨내기 위해 체념을 선택했다. 공포를 느끼지 않으려면 삶은 단순한 것이어야 한다.

> 죽음의 공포란 무섭죠. 압니다. 저도 그런 공포를 많이 겪었습니다. 우주증후군
> 이라는 건데, 들어보셨는지 모르겠습니다. 시작은 이렇습니다. 제가 갑자기 저
> 를 빠져나와요. 일종의 유체이탈 같은 거죠. 빠져나와서는 지구를 벗어나고 은
> 하계를 벗어나고 또 먼 우주를 벗어나서 어디론가 아주 멀고 크고 가늠할 수 없
> 는 곳으로 사라집니다. 먼지보다도 작고 작은, 상상할 수 없을 정도로 작은 존재
> 가 되는 거죠.
> 앞의 책, 144쪽

소녀의 삶도 마찬가지다. 소녀는 너무 이른 나이에 생을 마감해야만 하는 공포에 사로잡혀 죽음이라는 종착지를 향해 가는 경로 외에 또 다

수학의 눈으로 보면 다른 세상이 열린다

른 삶을 상상하지 못한다. 킬러와 소녀, 외부를 인식할 수 없는 두 개의 1차원 세계가 만났을 때 서로 넘나들 수 있는 방법은 없다. 질적으로 다른 차원으로 넘어가야만 서로의 세계가 연결된다. 관계성을 회복해야 삶은 다른 차원으로 비약할 수 있다.

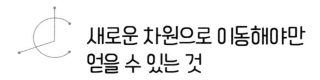

새로운 차원으로 이동해야만
얻을 수 있는 것

'직선이란 무엇인가?'라고 물으면 여러분은 어떻게 대답할 것인가? 수학에서는 원래 당연하게 받아들이고 써온 개념들이 더 설명하기 힘든 경우가 많다. 유클리드의 《원론》에 따르면 직선은 점들이 한결같이 고르게 놓인 것이다. 그러나 한결같이 고르다는 말도 애매하긴 매한가지여서 직관적으로는 차라리 '직선'이란 말이 이해하기 쉽다. 어떤 정의로 대체하면 직선을 직선이란 말보다 더 쉽게 설명할 수 있을까?

앞에 언급했던 것처럼 최단거리로 선분을 정의하고, 선분을 연장한 것이 직선이라고 해보자. 이 정의에 따르면 평면에서는 직선을 아주 쉽게 이해할 수 있지만 곡면으로 바뀌면 사정이 달라진다. 서로 다른 곡면을 선택할 때마다 서로 다른 직선이 생기기 때문이다.

간단한 예로 구면을 생각해보자. 구와 평면이 만나면 원이 생긴다. 이 가운데 가장 큰 원을 대원이라고 한다. 즉, 구의 중심을 지나는 평면과 구가 만났을 때 생기는 원이 대원이다. 그리고 그 대원의 일부를 측지선이라고 부른다. 최단거리로 이해하면 구면에서는 측지선＝선분,

수학의 눈으로 보면 다른 세상이 열린다

대원=직선이라는 개념이 성립한다. 평면에서 직선은 무한히 뻗어나가지만 구면에서 직선은 유한한 경로를 따라 빙글빙글 돌 뿐이다.

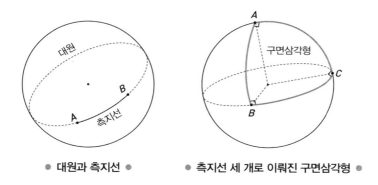

● 대원과 측지선 ●　　　● 측지선 세 개로 이뤄진 구면삼각형 ●

삼각형의 성질도 바뀐다. 선분 세 개로 이뤄진 도형이 삼각형이라면 구면 위에서는 삼각형의 내각의 합이 180도를 넘게 된다. 대전제가 하나 바뀌면 대전제로부터 도출된 사실들이 줄줄이 다 바뀐다. '삼각형의 내각의 합은 180도'라는 기존 설명이 잘못된 게 아니다. 평면의 세계에서는 여전히 잘 들어맞는다.

하지만 구면의 세계에서는 맞지 않는다. 수학에서는 이처럼 어떤 세계를 전제로 하느냐에 따라 지식체계가 바뀔 수 있다. 그 세계를 분야에 따라 차원dimension, 공간space, 그룹group, 장 또는 체field 등 다양한 용어로 부른다.

최단거리를 벗어나야 한다 ━━━

킬러에게 '모든 곡선은 직선'이다. 왜냐하면 킬러는 언제나 최단거리만을 따라가기 때문이다. 목표물과 목표물을 잇는 최단거리. 점과 점이 선으로 연결된 1차원적 선형의 세계. 이 세계를 벗어나는 길은 다른 세계와 접속하는 것뿐이다. 다른 세계와 만나려면 일단 자신에게 주어진 길, 최단거리를 벗어나야 한다. 킬러와 소녀가 아주 잠시나마 각자에게 주어진 궤적을 벗어났던 순간이 있다.

> 2021394196과 97은 블랙홀 체험관 뒤쪽의 공원으로 갔다. 두 사람 모두 차를 탈 기분이 아니었고, 말을 할 기분도 아니었다. 온몸의 힘이 다 빠져버린 것 같기도 했고, 어디선가 힘을 얻은 것 같기도 했다. 100이 된 것 같기도 했고, 0이 된 것 같기도 했다. 두 사람은 공원의 작은 길을 계속 걸었다. 2021394196이 2021394195가 될 때까지, 97이 96이 될 때까지, 계속 걸었다.
>
> 앞의 책, 154쪽

킬러는 공원에 들러 소녀와 제법 긴 시간 동안 산책을 했다. 최단거리만을 이동하며 작업을 수행하던 킬러에게는 좀처럼 드문 경험이었을 것이다. 물론 그것은 너무 미비하고 짧았다. 둘은 서로를 온전히 이해할 수 없었고 질적으로 다른 차원을 만들어내지는 못했다. 그러나 자기경로를 벗어나는 순간 일탈은 시작된다. 자신의 세계를 벗어난 두 사람은 이제 어디로 향할 것인가? 96시간밖에 남지 않은 이가 어떤 선택을 할 수 있을까? 소녀는 킬러에게 다음 목표물을 우주로 날려버릴 때 자신도 함께 날려달라고 부탁한다. 죽음이 얼마 남지 않은 상황에서 소녀는 가장 근본적인 일탈을 감행한다.

수학의 눈으로 보면 다른 세상이 열린다

"구십육 시간이 남은 걸 아는 사람에게 죽는 건 하나도 중요하지 않아요."

"그럼 뭐가 중요한데?"

"질문이요."

"어떤 질문?"

"어떤 질문이든 상관없어요. 답은 이미 다 알고 있으니까 저한테 필요한 건 질문이에요. 구십육 시간이 저에겐 답이에요. 질문을 알고 싶어요."

앞의 책, 156쪽

죽음이 96시간밖에 남지 않은 소녀는 궁금하다. 지금까지 살아온 시간이 어떤 의미를 갖는 것인지, 죽음이 정해져 있는 삶에도 어떤 의미가 있는 것인지. 한참 늦은 시기에 생전 하지 않던 시도를 하는 사람들이 있다. 칠십이 넘어 이혼을 하고, 불치병에 걸린 사람이 새로운 공부를 시작하고, 죽음을 앞둔 사람이 평생 상상만 하던 곳으로 여행을 간다. 이제 곧 죽을 텐데 그게 무슨 의미냐고 물을 수도 있다. 그러나 길밖을 나서보지 않은 사람은 길 밖에 무엇이 있는지 알지 못한다. 길 밖에서 자신이 걸어온 길을 바라볼 때 어떤 모습인지 알지 못한다.

목표물 토드와 함께 소녀를 우주로 날려 보내려던 킬러는 처음으로 격투 중에 부상을 입는다. 자신의 세계를 벗어난 킬러는 실수를 범한다. 기존의 세계는 이미 깨져버렸다. 그리고 그 결과 의도치 않게 자신까지 우주로 발사되는 순간 소설은 끝이 난다.

소녀에게는 막연한 우주로 날아가는 그 순간이 구원이었을지도 모르겠다고 잠깐 생각했다. 그래서인지 결말이 슬프지 않았다. 의미를 모르고 죽음만을 기다리던 삶이 아니라 끝까지 답을 찾기 위해 노력했던 자신의 모습을 기억하며 생을 마감한 소녀는 죽음을 앞두고서야 처음으로 공포로부터 해방됐을지도 모른다.

그 우주에서 킬러는 불행했을까 ━━━━

킬러는 정해진 길을 벗어나지 않는다는 자신의 룰을 아주 조금 어긴 것치고는 큰 대가를 치렀다. 그 자체로 완결적이었던 삶은 파괴됐다. 역설적으로 이는 라이프컨트롤센터가 정해준 운명을 벗어나는 최초의 순간이기도 하다. 존재의 의미를 찾으려는 순간 삶 자체가 위기에 처했다. 그래서 그 우주에서 킬러는 불행했을까? 우주로 날아가는 순간 킬러와 소녀는 어떤 표정을 짓고 있었을까?

입시를 앞둔 수험생 시절, 내 삶은 킬러와 비슷했다. 집, 학교, 도서관을 반복하며 오가는 시간이었다. 기록적이었던 94년 폭염도 기억나지 않는다. 에어컨이 없던 교실, 이른 아침부터 늦은 밤까지 계속된 보충수업, 정규수업, 그리고 야간자율학습. 선풍기 바람에 의존해 겨우 버텨내던 여름은 언제나 같은 풍경이었고 거기엔 어떤 특별한 사건도 없었다. 지금도 비슷하다. 매일매일이 크게 다르지 않고, 일상의 궤적 또한 대부분 정해진 루트를 벗어나지 않는다. 삶은 대체로 정해진 길을 따라간다.

사람이 언제나 주어진 길을 벗어나 살 수는 없다. 지루하게 일상을 견뎌낸 후에야 성과를 얻을 수 있는 경우도 많다. 반복되는 일상은 안정감을 주기도 한다. 하지만 1차원적 삶을 견디기 힘들 때, 더 이상 반복되는 삶에서 의미를 찾기 힘들 때는 그 길을 벗어나야만 한다. 그래

수학의 눈으로 보면 다른 세상이 열린다

야 새로운 세계가 열린다.

낯선 세계와 대면하게 되면 방어 본능과 소통 본능이 동시에 작동한다. 건너갈 것인가 말 것인가. 질적으로 다른 세계로 넘어가려는 이에게 외부는 가장 고통스럽지만 매혹적인 장소다. 관계의 변화는 가장 혹독한 대가를 요구할 수도 있다. 거꾸로 새로운 차원으로 이동해야만 얻을 수 있는 게 있다. 어느 쪽이 바람직하다는 답은 없다. 단지 간절한 이에게 더 많은 가능성이 열릴 것이다.

생각노트

– 차원을 어떻게 정의할 수 있을까?
– 1차원, 2차원, 3차원에서 곡선은 각각 어떻게 다를까?
– 거리=최단거리 공식은 공간에 따라 어떻게 달라지는가?

교과과정 연계
중학교 수학 1: 기본도형
고등학교 수학: 명제
고등학교 기하: 공간도형과 공간좌표

인간은 완벽하지 않더라도 어떻게든 삶을 객관화하고 싶은 욕망을 갖고 있다.
그래서 다양한 방식으로 삶의 가치를 수량화하려고 한다.

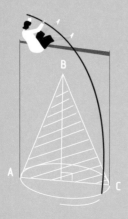

10

·

쾌락을 숫자로
측정할 수 있을까?

〈21그램〉, 〈스모크〉

영혼의 무게는 21그램

《매드 사이언스 북》은 실험이 과학적 방법론으로서 확고한 지위를 획득한 이후에 벌어진 온갖 실험에 대한 이야기다. 과학 지식이란 방대한 지도에서 미지의 영역을 몰아내겠다는 집념과 열정이 가득한 책이다. 동시에 그에 뒤지지 않는 광기도 살벌하다. mad(미친)와 science(과학)란 조합은 열정과 광기 사이 간극을 효과적으로 표현한다. 소재 자체도 흥미롭지만 살짝살짝 곁들여진 과학전문기자의 농담이 때로 낯설면서도 대체로 유쾌하다.

《매드 사이언스 북》에는 오늘날 기준으로는 용납하기 힘든 실험도 다수 포함돼 있다. 병원균의 실체를 확인하기 위해 의학자가 자신의 신체를 대상으로 임상실험을 하는가 하면, 단두대에서 잘린 사람 머리를 몰래 훔쳐와 전기를 흘려보내기도 한다. 그중에 영혼의 무게를 재려한 사람도 등장한다.

의사 던컨 맥두걸Duncan MacDougall은 실험을 통해 영혼의 무게가 21그램이라고 결론 내렸다. 이와 관련해 《뉴욕 타임스》 1907년 3월 11일자에 "의사는 영혼에 무게가 있다고 믿는다."라는 기사가 실리기도 했다.

　　　　　　　　　　　수학의 눈으로 보면 다른 세상이 열린다

물론 실험은 조잡하고 신빙성이 없었다. 고작 6명을 대상으로 사망 전후 무게를 측정해 내린 결론이었다. 표본 자체가 너무 작은 데다 그 6명마저 결과가 제각각이었다. 오히려 관전 포인트는 실험의 결과보다는 동기에 있다. 그는 영혼에도 무게가 있다고 믿었다. 모든 실천 앞에는 의지가 먼저 존재한다. 객관은 가장 극단적인 주관 속에서 태어난다.

서양철학에서 영혼이란 개념은 꽤나 오랜 전통을 갖고 있다. 피타고라스는 윤회설을 믿었다. 플라톤에게 영혼은 보편적 진리를 인식할 수 있는 능력과도 같았다. 따라서 육체보다 우월한 영혼은 불멸의 존재다. 이런 사고방식은 자연스럽게 종교(기독교)에 흡수돼 내세라는 개념으로 이어진다.

영혼은 죽은 후에도 살아남는다. 영혼을 실체(무게)가 있는 무엇으로 이해하다 보니 데카르트는 육체와 영혼을 연결시켜주는 기관이 존재한다는 주장까지 하게 된다. 능력자들이 내지른 헛발질은 헛된 믿음의 산물이다. 영혼의 무게를 재는 실험은 별다른 신뢰를 얻지 못했지만 그 동기만큼은 강렬한 인상을 남긴 게 분명하다. '21그램'이란 기업이 있는가 하면 〈21그램〉이란 제목의 영화도 있다. 이 영화에 앞의 실험과 연관된 이야기는 나오지 않는다. 단지 모티브로 따왔을 뿐이다. 죽음을 앞둔 주인공 폴 리버스의 독백 속에 21그램이 등장한다.

사람이 죽는 순간에 21그램이 줄어든다고 한다. 누구나 다⋯

21그램은 얼마만큼일까? 얼마나 잃는 걸까? 언제 잃는 것일까?

21그램. 5센트 5개의 무게. 벌새 한 마리 무게. 초콜릿 하나.

21그램은 얼마나 나갈까?

어른들은 숫자를 좋아한다? ━━━━━

어떤 사람을 분석한다고 하자. '수다스럽다', '다정하다', '낙천적이다'와 같은 내용은 정성적 분석이다. '하루 평균 2시간 페이스북을 하며 인스타그램에 5장의 사진을 올린다'는 정량적 분석이다. 수학과 과학은 어떤 성질이든 수량화시키려고 한다. 밝음과 어두움, 따뜻함과 차가움, 빠름과 느림, 단단함과 무름 등 모든 자연현상을 수량화한다.

따뜻하거나 차갑다는 느낌은 주관적이어서 사람마다 모두 다르게 느낀다. 하지만 온도라는 개념에 숫자를 연결시키면 어떤 현상이든 동일한 기준으로 측정할 수 있다. 수량화를 할 때는 기준점과 기본단위(유닛)가 필요하다. 우리가 처음 시계 보는 법을 배울 때 0시(자정)를 기준 삼아 1초, 1분, 1시와 같은 기본단위를 익히는 것과 똑같다. 자연현상과 달리 인간의 감정을 수량화하는 일은 쉽지 않다. 21그램은 불가사의한 삶을 계량화하고 싶어 하는 인간의 덧없는 욕망을 상징한다. "너나 얼마만큼 사랑해? 1부터 100까지 숫자로 말해봐." 이것이 수학의 마인드다.

인간은 완벽하지 않더라도 어떻게든 삶을 객관화하고 싶은 욕망을 갖고 있다. 그래서 다양한 방식으로 삶의 가치를 수량화하려고 한다. 가장 대표적인 것이 화폐다. 재산이 얼마인지, 소유한 아파트가 얼마인지, 연봉은 얼마인지, 이런 대화는 나이와 함께 늘어간다. '어른들은 숫자를 좋아한다.'라는 어린왕자의 마음에 비춰보면 수량화란 대체로 속물적이라는 느낌을 주지만 꼭 그런 것은 아니다.

사람들은 여러 가지 이유로 적성검사, 신체검사, 건강검진, 각종 시

수학의 눈으로 보면 다른 세상이 열린다

험, 업무성과 지표 등 다양한 종류의 수치화된 평가를 받는다. 재미를 위해서도 수량화는 필요하다. 컴퓨터 게임은 수량화된 지표를 통해 캐릭터를 양성하고 현실과 유사한 가상세계를 창조한다. 운동회를 하더라도 수량화가 필요하다. 어떤 게임의 승점을 몇 점으로 할지 정해야 한다.

디지털digital이라는 단어도 수량화와 밀접한 연관이 있다. 영어로 'digit'는 숫자나 자릿수를 의미한다. 가령 'This number is 6 digits.'라는 문장은 '이 숫자는 여섯 자리 숫자야.'라고 번역한다. 'digital'은 'digit'의 형용사형으로 간단히 말해 수로 계량화한다는 의미다. 온도, 시간, 소리와 같이 연속적인 현상을 잘게 쪼개 수량화하는 것이다. 'digit'에는 손가락이라는 뜻도 있는데 손가락을 이용해 수를 세는 상상을 하면 쉽게 이해될 것이다.

일반적으로 르네상스 이전 수학이나 과학 지식은 이슬람 세계가 유럽보다 앞선 것으로 평가받는다. 유럽에 르네상스 시대를 열어준 것도 이슬람이었다. 하지만 르네상스와 과학혁명을 거치며 주도권은 유럽으로 넘어갔다.

도량형, 지도, 측량, 건축, 인쇄, 항해술, 천문학, 군사학, 원근법, 화성학 등 과학기술의 발전이 모든 영역을 수량화했다. 근대화는 수량화의 과정이라고 봐도 무방할 만큼 수량화는 특정한 방법이 아니라 사물과 현상을 대하는 태도 전체를 의미한다. 한마디로 과학기술의 발달과 수량화는 나눌 수 없는 관계로 현대사회의 물질적 풍요를 가져다줬다.

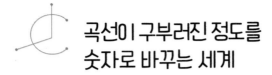

곡선이 구부러진 정도를
숫자로 바꾸는 세계

수학을 공부하면서 짜릿한 순간을 경험하는 사람들이 있다. 모두가 그런 것은 아니지만, 일단 한번 이를 맛본 사람은 수학을 계속 공부하지 않더라도 수학이 가진 매력만큼은 인정하게 된다. 하지만 그런 경험 없이도 인내로 버티는 경우도 있는데 그렇게 꾸역꾸역 버티다보면 어느새 작은 기쁨을 얻기도 하는 게 수학이다. 하긴 뭐 꼭 수학만 그렇겠는가.

수학을 전공한 나도 과목마다 호불호가 있었다. 해석학은 주로 함수, 그중에 미적분을 많이 다룬다. 워낙 엄밀한 증명을 많이 요구해서 수학과 학생들도 혀를 내두르는 때가 많다. 하지만 너무 당연해 보이는 명제를 며칠씩 진을 빼가며 증명을 완료했을 때 오는 쾌감이 있다. 해석학 리포트를 낼 때마다 허덕허덕하며 밤을 새운 경우가 많았지만 지나고 나서는 참 잘 해냈다 싶었다. 한 문제를 풀기 위해 여러 장 가득 써내려간 증명을 보면 괜히 흐뭇한 마음, 해본 사람은 알 것이다.

미분기하학은 미적분과 벡터를 이용해서 도형의 속성을 연구한다. 기하학은 기본적으로 도형의 속성을 수량화하는 학문이다. 각, 길이,

수학의 눈으로 보면 다른 세상이 열린다

넓이, 부피, 겉넓이 등이 대표적이다. 여기까지야 어릴 때부터 워낙 많이 이를 다루는 수학 문제를 보니 그러려니 하는데 대학에 가면 곡선이 구부러진 정도curvature(곡률)나 휜 정도torsion(비틀림)는 물론 다양한 속성을 수량화한다. 새롭게 정의한 수식이 곡선이 구부러지고 휜 정도를 훌륭하게 수량화할 때면 좀 짜릿하다. 수학은 많은 것을 숫자를 통해 설명한다. 간단히 살펴보자.

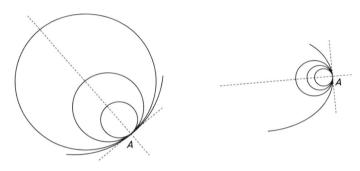

● 곡선 위의 한 점에 접하는 원의 곡률 비교 ●

곡률은 한 점에서 정의한다. 위 그림과 같이 곡선 위의 한 점 A에서 곡선에 접하는 원을 여럿 그린다. 그 원들 가운데 가장 큰 원의 반지름을 r이라고 하면, 점 A에서 곡선의 곡률을 $\frac{1}{r}$로 정한다. 이렇게 정의를 하면 왼쪽 곡선 위의 점 A에서는 r이 크니까 반대로 곡률이 작고, 오른쪽 곡선 위의 점 A에서는 r이 작으니까 반대로 곡률은 크게 나온다. 직선의 경우에는 직선 위의 한 점에서 직선에 접하는 원의 반지름이 무한히 커지기 때문에 곡률이 0이 된다.

공리주의와 수학 ━━━

　이와 같은 태도로 사회현상도 분석할 수 있을까? 당연하다. '최대 다수의 최대 행복'으로 유명한 공리주의자 제러미 벤담은 산업혁명이 막 시작되던 18세기 후반 영국사회를 보며 나름의 법철학 체계를 세웠다. 벤담은 사람은 누구나 쾌락(행복)을 추구하기 때문에 바람직한 사회를 만들려면 사회적으로 쾌락의 총량을 늘리고 고통의 총량은 줄이는 게 최선이라고 생각했다.

　그럼 사회적인 쾌락의 총량을 늘리려면 누구나 하고 싶은 대로 행동하면 되는 걸까? 행복해지는 게 그렇게 쉬울 리 없다. 나의 쾌락을 추구할 때 타인의 쾌락이 함께 늘어나는 경우도 있지만, 나의 쾌락이 늘어날 때 타인의 고통 역시 늘어나는 경우가 훨씬 많기 때문이다. 이에 대해 벤담은 아주 단순한 해법을 제시한다.

　간단히 쾌락을 '+', 고통을 '−'라고 생각하면 개인이 느끼는 쾌락과 고통을 합산해 수량화할 수 있다. 개개인의 쾌락과 고통을 수량화한 값을 단순 합산하면 집단 전체의 값이 나온다. 이 값이 크면 클수록 좋다는 게 벤담의 생각이다. 그런데 어떻게 쾌락이나 고통을 수량화한다는 것일까? 벤담은 7가지 기준을 제시한다.

　1) 강도intensity

　2) 지속성duration

　3) 확실성certainty

　4) 근접성nearness

　　　　　　　　　　　　　수학의 눈으로 보면 다른 세상이 열린다

5) 확산성fecundity

6) 순도purity

7) 범위extent

여기서 다섯 번째, 확산성은 같은 종류의 감각이 뒤따를 기회(쾌락 뒤에 쾌락이, 고통 뒤에 고통이)를 말한다. 여섯 번째 순도는 반대 종류의 감각이 뒤따르지 않을 기회(쾌락 뒤에 고통이, 고통 뒤에 쾌락이)를 의미한다. 고통이 전혀 없는 쾌락인지를 묻는 것이다. 일곱 번째 범위는 쾌락이나 고통에 영향을 받는 사람들의 수이다. 쾌락이나 고통이 얼마나 많은 사람에게 영향을 주는지 고려하자는 것이다.

이러한 벤담의 이론을 적용해 다음 문제를 풀어보자.

도로망(길)이 그림과 같이 격자점 형태로 놓여 있다. 여기에 일곱 명이 사는데 그 위치는 $A(3, 1)$, $B(2, 7)$, $C(7, 6)$, $D(5, 4)$, $E(1, 3)$, $F(4, 5)$, $G(8, 2)$이다. 이동 거리 총합이 최소인 곳에 새로운 정류장을 건설한다고 했을 때 어디다 지어야 할까? 단, 이동할 때는 격자점을 따라 이동하며 길을 벗어나 이동할 수 없다.

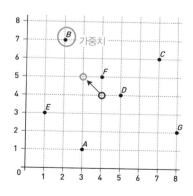

정류장의 위치를 P(x, y)라고 하면 이동거리의 총합은 다음과 같다.

$$|x-1|+|x-2|+|x-3|+|x-4|+|x-5|+|x-7|+|x-8|+$$
$$|y-1|+|y-2|+|y-3|+|y-4|+|y-5|+|y-6|+|y-7|$$

이 식의 값은 $x=4$, $y=4$일 때 최소가 된다. 따라서 정류장은 (4, 4)에 지어야 한다.

똑같은 조건인데 만약 이번에는 B(2, 7)에 3명이 살고 있다고 해보자. 그럼 식은 다음과 같이 바뀐다.

$$|x-1|+3|x-2|+|x-3|+|x-4|+|x-5|+|x-7|+|x-8|+$$
$$|y-1|+|y-2|+|y-3|+|y-4|+|y-5|+|y-6|+3|y-7|$$

이 식은 다음과 같이 바꿔 쓸 수 있다.

$$|x-1|+|x-2|+|x-2|+|x-2|+|x-3|+|x-4|+|x-5|+|x-7|+|x-8|+$$
$$|y-1|+|y-2|+|y-3|+|y-4|+|y-5|+|y-6|+|y-7|+|y-7|+|y-7|$$

이 경우에는 $x=3$, $y=5$일 때 값이 최소가 된다. 따라서 정류장은 (3, 5)에 지어야 한다.

이는 통계에서 여러 개의 값이 나열돼 있을 때 중앙값을 선택하는 것과 비슷하다. B(2, 7)에 3명이 사는 경우는 B 위치에 3배의 가중치를 둔 것으로 이해할 수도 있다. 가중치를 주면 중앙값은 가중치가 부여

수학의 눈으로 보면 다른 세상이 열린다

된 쪽으로 이동한다. 이는 물체의 무게중심이 무거운 쪽으로 이동하는 것과 비슷한 원리다.

이 문제에서는 (이동거리=고통의 양)이다. 따라서 개개인의 이동거리 총합은 고통의 총량이 된다. 가중치를 고려해야 하는 경우에도 합산 계산은 가능하다. 벤담은 자신의 저서《도덕과 입법의 원리에 대한 서설*An Introduction to the Principles of Morals and Legislation*》(이하 서설)에서 다음과 같이 말했다.

> 쾌락과 고통이 어떤 형태로 드러나든지, 뭐라고 이름을 붙이든지 간에 적용 가능하다. 쾌락의 경우 그것이 선good으로 불리든, 수입profit으로 불리든, 또는 편의convenience, 이익advantage, 혜택benefit, 수당emolument, 행복happiness, 등등 뭐로 불리든. 고통에 대해서도 마찬가지로 악evil(선에 대응하는 의미로), 손해mischief, 불편inconvenience, 불이익disadvantage, 손실loss, 불행unhappiness 등등 뭐라 불리든.
>
> 제러미 벤담, 〈4장 쾌락과 고통의 측정〉,《서설》, 1789

쾌락은 그리 단순하지 않다 ━━━

사실 벤담이 제기한 방법에는 허점이 너무 많다. 앞에서 예로 든 정류장 위치를 정하는 문제만 해도 조건이 매우 단순하게 설정돼 있다. 우선 도로 상태가 모두 같을 수 없다. 이 경우는 가산점으로 어떻게든 해결이 가능하다. 가령 도로사정이 좀 더 안 좋은 쪽에 가산점을 줄 수 있다. 하지만 정류장을 이용하는 사람의 조건이 다른 것은 조정하기 더 어려운 문제다. 이용하는 사람의 건강 상태에 따라 편의(쾌락)라는 것도 제각각일 수밖에 없다. 물론 이 역시도 어떻게든 수량화할 수는 있다.

그러나 본질적으로 쾌락을 수량화하기 어려운 경우는 어떻게 할 것인가? 앞의 경우는 이런 저런 요소까지 감안하고 가산점을 이용해 대략 이동거리에 따라 불편(고통)한 정도를 수식화할 수 있다지만 대개는 쾌락이란 게 그리 단순하지 않다. 쾌락이라는 기준은 여전히 주관적이고 모호하다.

본질적인 문제가 또 있다. 특정 사회문제에서 해법을 찾을 때 단순하게 쾌락의 총량만을 판단 기준으로 삼는 게 가능하냐는 것이다. 다수결로 해결해서는 안 되는 소수자 인권 문제는 어떻게 할 것인가? 정의가 반드시 쾌락과 직결된다는 보장이 있는가? 벤담의 공리주의는 다수결, 효율, 경제성과 같은 단어와 상당히 친밀하다. 그래서 공리주의의 차세대 주자 존 스튜어트 밀은 벤담의 양적 공리주의를 비판하고 보완하기 위해 질적 공리주의를 주장했다.

18세기 후반은 아직 현대식 법체계가 자리 잡기 이전으로 근대의 시선으로 볼 때 국가는 여전히 그 역할을 충실히 다하지 못하고 있었다. 거기에 산업혁명으로 사회는 급변하는데 법과 제도가 뒷받침되지 못해 일어나는 문제도 많았다. 벤담은 법과 제도에 기초해 있는 현실 속 국가를 운영하는 데 구성원들이 조화를 이룰 수 있는 방법을 찾고자 했다. 그는 이상적이지 않은 현실이라는 조건 하에서 공리주의가 그나마 최선이라고 판단했고, 객관성을 최대한 확보할 수 있는 방법이라고 생각했다.

이 과정이 모든 도덕적 판단이나 입법과 사법 과정을 앞두고 사전에 완벽하게 설계돼야만 한다고 생각하지는 않는다. 그러나 언제나 관점으로 유지될 수는 있다. 실제로 위에 언급한 조건에 맞게 과정을 설계할수록 정교함도 더해진다.

제러미 벤담, 〈4장 쾌락과 고통의 측정〉, 《서설》, 1789

벤담의 방법은 거칠지만 수많은 문제제기에도 불구하고 귀담아 들을 부분이 있다. 사실 이미 많은 경우 사회문제를 해결할 때 벤담식 해법을 사용하고 있다. 현대국가는 공정성과 민주주의를 위해 수많은 심사와 평가, 결정 과정에서 인간사회의 가치를 수량화해 판단한다.

벤담을 비롯한 공리주의자들은 법과 제도 개혁에 상당한 공헌을 했다. 벤담이 죄수를 너무 고통스럽게 다뤄서는 안 된다고 주장하며 감옥 설계에 엄청난 공을 들인 것도 공리주의적 시선 때문이다. 고통을 줄이는 것도 결과적으로 쾌락의 총량을 늘리기 때문이다. 물론 그 밑바탕에 깔린 생각은 휴머니즘보다 효율성에 가깝다. 동물권 개념이 미처 자리 잡지도 않은 상황에서 동물의 권리를 옹호한 것도 고통과 관련이 있다.

모든 것을 이해하지 못한다 해도 인생이다

담배를 한 번도 피워본 적이 없다. 담배 냄새를 싫어한다. 어릴 적에는 담배를 피우는 아버지를 집 밖으로 쫓아내기 일쑤였고, 대학생 때는 학생회실에서 담배 피우는 회의를 처음으로 금지시켰다. 그런가 하면 베란다를 타고 올라오는 담배 연기를 참지 못해 베란다에서 담배를 피우지 말아 달라고 쓴 쪽지를 아래층 집집마다 붙여두기도 했다. 그런데도 가끔은 담배 피우는 모습이 너무 애틋하게 느껴질 때가 있다. 무질서하게 퍼져 나가는 연기가 마치 고단한 삶의 궤적이기라도 한 것처럼 말이다.

〈스모크〉는 소설가 폴 오스터가 공동으로 대본을 써서 주목받았던 영화로 그의 소설 《오기 렌의 크리스마스 이야기》를 모티브로 한 영화다. 배경은 뉴욕 브루클린이다. 영화에 가장 많이 나오는 오기의 담배 가게는 사람들이 만나고 헤어지는 동네 미용실 같은 장소다. 여기에 가장 자주 등장하는 인물은 오기와 폴이다. 담배 가게 주인 오기는 매일 같은 시각 같은 장소에서 자신의 가게를 배경으로 사진을 찍고 인화해 사진첩에 모아둔다. 부인을 잃고 혼자 사는 폴은 한때 잘나가는 소

수학의 눈으로 보면 다른 세상이 열린다

설가였지만 부인이 죽은 뒤로는 페인 모드다.

라시드가 등장하면서 상황은 변하기 시작한다. 교통사고 직전 우연히 폴을 구해준 청년 라시드는 폴 옆을 맴돈다. 폴은 이 청년 덕에 조금씩 기운을 되찾고 다시 소설을 쓰기 시작한다. 알쏭달쏭한 행동을 자주하는 라시드는 폴의 소개로 오기네 담배 가게에서 점원으로 일하게 된다. 오기는 쿠바산 시가담배를 밀수하려다 낭패를 보지만 만회해서 목돈을 만드는 데 성공한다.

그즈음 집 나갔던 오기의 옛 애인 루비가 찾아온다. 루비는 과거 둘 사이에서 태어난 딸이 있다며 마약에 찌든 딸을 보러 가야 한다고 하지만 오기는 돈 때문에 루비가 돌아왔다고 생각한다. 결국 오기는 딸을 만나러 가는데 딸은 오기를 받아들이지 않는다. 오기는 어렵게 마련한 목돈을 루비에게 건네준다. 한편 라시드는 어릴 적 생이별을 했던 아버지를 찾아가 결국 다시 가족을 이룬다.

부인을 잃은 폴, 어릴 적 헤어진 아버지를 다시 만난 라시드, 존재조차 모르던 딸과 함께 돌아온 옛 애인 루비와 재회한 오기까지, 영화에는 세 명을 중심으로 한 가족 이야기가 등장하지만 각각의 이야기는 아무 연결고리 없이 제각각 자기 경로를 따라 움직이는 듯하다. 이야기는 단지 담배 연기처럼 알 수 없는 방향으로 흐르다가 오기네 담배 가게에만 잠시 들고 날 뿐이다.

연기처럼 흩어지는 삶이라 해도 ━━━

〈스모크〉에는 담배 피우는 장면, 특히 담배 연기가 날아가는 장면이 많이 나온다. 담배 연기는 수다를 동반한다. 삼삼오오 모여 수시로 담배를 태우며 수다를 떠는 와중에 폴이 "담배 연기 무게를 어떻게 잴 것 같냐?"라고 사람들에게 질문을 던진다. 이 질문은 영국에 담배를 들여온 월터 롤리 경의 이야기에서 비롯됐다. 그는 흡연 전후 담배 무게(재와 꽁초)를 측정해서 그 차이를 계산하는 방법으로 연기 무게를 알아냈고 엘리자베스 여왕과의 내기에서 이겼다.

간단명료한 이 방법은 화학자 라부아지에가 정식화한 '질량 보존의 법칙'에 딱 들어맞는다. 실체가 있는 모든 물질은 질량을 갖고 있으며 화학반응에 관계한 물질의 질량 총합은 변하지 않는다. 영혼의 무게를 재려고 했던 실험과 동일한 원리다.

연기 무게를 어떻게 재는지 궁금해했던 폴처럼 동일한 장소에서 반복적으로 사진을 찍는 행위는 오기에게 비슷한 의미를 지닌다. 담배가게에는 수많은 사람과 이야기가 들렀다 사라지는데 오기는 굳이 그 다양한 순간을 기록하기 위해 매일같이 셔터를 누른다. 오기의 행동은 그저 특이한 취미에 불과한 것일까?

어느 날 폴은 오기의 희한한 사진집을 구경한다. 사진집은 매일 같은 시간, 같은 장소에서 찍은 사진들로만 가득 채워져 있다. 사진집을 넘기던 폴은 왜 굳이 이런 걸 찍느냐며 이해하지 못하겠다는 얼굴을 하다가 갑자기 표정이 굳고 이내 오열하기 시작한다. 우연히 사진에 찍힌, 지금은 죽고 없는 부인을 발견한 것이다.

쓸모없어 보이던 오기의 취미가 폴의 기억 깊숙이 잠들어 있던 아내에 대한 기억을 끄집어낸다. 일상적인 불면과 흡연을 야기하고 소설을 쓸 기력을 모두 빼앗아갈 만큼 폴에게 너무 큰 고통을 안긴 죽음은 봉

수학의 눈으로 보면 다른 세상이 열린다

인해둔 기억이다. 무색무취였던 거리 풍경은 구체적인 시공간과 함께 되살아난다. 오기의 사진 역시 실체가 없어 보이는 무엇을 감각할 수 있는 무엇으로 전환시키려는 노력이다.

벤담이 제시한 행복계산법felicific calculus의 가정처럼 삶이 쾌락을 위해 배치된 설계의 총합이라면 얼마나 좋겠는가. 그리고 그런 이들에게 수학이란 도구는 얼마나 고마운 것이겠는가. 하지만 인생은 어디로 흩어질지 모르는 담배 연기와 같다. 한 사람의 우연한 행동이 또 다른 사람에게 영향을 미치지만 그 결과를 헤아릴 길이 없다.

영혼의 무게를 재고, 담배 연기의 무게를 측정하고, 같은 시간 같은 장소에서 사진을 찍는 행위는 무정형의 실체를 포착하고자 하는 노력이다. 더러는 성공하기도 하지만 대체로 실패한다. 삶은 원래 전적으로 정량적이지 않다. 영화에 유난히 많이 등장하는 담배 연기가 그런 측정 불가능성을 말해준다. 하지만 연기 무게를 재는 방법도 있지 않은가?

오기의 사진 속에서 사랑하는 이의 흔적을 발견해낸 폴처럼 삶을 형태가 있는 무엇으로 잡아내려는 노력은 가끔 의도치 않게 작은 성공을 이뤄내기도 한다. 그러니 다만 그 한계를 인정한다면, 열심히 시도할 만한 가치가 있다.

우리가 수학에서 얻을 게 있다면 그것은 삶에 대한 답이 아니다. 삶을 해석하는 수많은 길 중에 하나를 알게 되는 것이다. 전적으로 수학적 방법에만 의존해서 삶에 대한 답을 찾아왔다면 다른 길도 함께 살펴볼 일이고, 수학적인 방법을 완전히 배제해왔다면 새롭게 이를 고려해보자.

〈스모크〉의 마지막 장면에 나오는 영화 속 영화 〈오기 렌의 크리스마스〉를 해마다 한 번쯤 다시 보기로 한다. 꼭 직접 보라고 줄거리는 이야기하지 않겠다. 이왕이면 마음까지 추워지는 추운 겨울이나 미래에 대해 확신이 서지 않는 그런 때에 보았으면 좋겠다. 여러분도 누군가에게는 감사한 선물 같은 존재다. 그러니 삶의 모든 것을 이해하지 못한다 해도, 그래도 괜찮다.

수학의 눈으로 보면 다른 세상이 열린다

– 주변에서 간단한 수량화의 사례를 찾아보자.
– 사회문제를 해결하는 데 수량화를 사용한 사례를 알아보고 그 기준이 타당한지, 문제점은 없는지 생각해보자.

교과과정 연계

중학교 수학 1: 정수와 유리수
고등학교 수학: 함수

여성이 사는 세계는 남성의 세계와 다르다. 성장과정도 많이 다르다.
하지만 대다수 남성은 그게 어떻게 다른지 구체적인 차이를 잘 모른다.

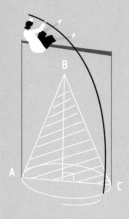

11

.

통계가 이야기하는
성별 임금격차의 진실

《82년생 김지영》

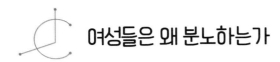

여성들은 왜 분노하는가

1982년 1월 5일 전두환 정부는 야간통행금지를 해제했다. 야간통행금지는 한국전쟁 중인 1945년 9월에 시작해 1982년까지 치안유지를 목적으로 지속됐다. 2월 6일에는 영화 〈애마부인〉의 상영이 시작됐는데 82년 극장 개봉작 56편 중 35편이 에로영화였다고 한다. 금욕을 강조하는 군사정부, 게다가 엄연히 사전검열이 살아 있던 때에 에로영화가 전성기를 구가했다니 뭔가 모순 같지만 그렇지 않다. 영화screen, 성문화sex, 스포츠sports와 관련된 정책을 합쳐 3S정책이라 불렀는데 쿠데타로 집권한 군사정부가 국민들의 관심을 돌리기 위해 추진한 것이었다. 3월 27일에는 프로야구가 출범했다.

4월 26일에는 우순경 사건이 벌어졌다. 경남 의령에서 근무하던 경찰관 우범곤이 근무 중 총기난사로 56명을 살해하고 자신은 수류탄으로 폭사한 사건이었다. 우범곤 순경 총기난동 사건을 조사했던 수사본부는 범인 우순경의 시체를 국립과학수사연구소에 보내 뇌세포검사를 하려 했으나 불가능한 일이었기에 포기했다. 우순경의 범행이 너무 잔인해 뇌 조직이 정상인과 어떻게 다른지 살펴보려 했던 것이다.

수학의 눈으로 보면 다른 세상이 열린다

1982년은 이랬다. 대통령을 뽑는 직접 선거 제도가 시작되지 않은 군사독재 시절이었고, 사회 곳곳을 전근대적 사고가 지배했다.

수많은 김지영의 분노 ━━━━

소설 《82년생 김지영》은 본격적인 페미니즘(여성주의) 소설이다. 1982년에 태어나 30대 중반의 가정주부가 된 김지영이 여성으로 살아오며 겪어야 했던 온갖 차별과 고통을 사실적으로 고발한다. 소설 형식을 취했을 뿐, 작품은 르포에 더 가깝다. 사건의 발달과 전개는 특별할 게 없고 마무리 역시 다소 인위적이다. 애초에 '맘충'이란 말에 충격을 받고 작품을 쓰기로 결심했다는 작가는 한국사회 현실을 있는 그대로 가감 없이 고발하는 게 목적이 아니었나 싶다.

그 목적에 비춰보자면 소설은 제대로 성공한 것 같다. 2016년 10월 출간된 《82년생 김지영》은 페미니즘에 대한 갈증이 고조된 사회 분위기를 타고 2017년 소설부문 판매량 1위에 올랐고 2018년에는 판매량 100만 부를 돌파했다. 교보문고에서 제공한 2016년 10월부터 2017년 5월까지, 구매자 통계를 보면 그 갈증의 실체는 더욱 분명해진다. 전체 구매자 가운데 78퍼센트가 여성이고, 22퍼센트가 남성이다. 여성 가운데도 20, 30대 비율이 압도적이다.

이는 소설이 대변하고자 하는 목소리이자 사회 곳곳에 울려 퍼지고 있는 분노의 진원지이기도 하다. 《82년생 김지영》뿐만이 아니다. 각종 페미니즘 관련 서적에 대한 수요가 부쩍 늘었다. 방송, 공연, 매체 등의 여성에 대한 편견과 혐오를 조장하는 표현에 대한 비판도 전면화됐다. 안희정 씨를 비롯한 미투 관련 재판, 각종 여성혐오와 불법촬영 범죄, 웹하드 업체 수사, 군대 내에서 발생한 여군 대상 성폭력, 메갈리아와 워마드 논쟁 등 한국사회는 여성주의와 관련해서 그 어느 때보다 많은 뉴스를 쏟아내고 있다.

《82년생 김지영》의 선전에 힘입어 서울시는 비슷한 콘셉트의 정책 홍보물을 냈다가 된통 욕을 먹기도 했다. 소설은 여성이 겪는 경력단절과 성차별을 주 소재로 다루고 있는데 서울시가 여성의 삶을 결혼-출산-육아로 이해하는 고루한 방식을 답습했다는 것이다. 결국 서울시는 해당 포스터를 교체했다.

한편에서는 지금이 쌍팔년도도 아니고 여성들이 무슨 차별을 받는다고 그러냐며, 오히려 남성들이 역차별을 받고 있다고 난리다. 여성들이 차별받고 있다고 주장하는 내용들이 지나치게 과장됐다고 조목조목 근거를 들어 반박하기도 한다.

지속적인 차별을 경험하다 ━━━

《82년생 김지영》은 여성들이 태어나면서부터 마주하게 되는 현실을 효과적으로 설명하기 위해 통계자료를 자주 사용한다. 이렇게 본격적으로 통계자료를 인용한 소설도 흔치 않을 것이다.

정부에서 '가족계획'이라는 이름으로 산아제한 정책을 펼칠 때였다. 의학적 이유의 임신중절수술이 합법화된 게 이미 10년 전이었고, '딸'이라는 게 의학적인 이유라도 되는 것처럼 성 감별과 여아 낙태가 공공연했다. 1980년대 내내 이런

수학의 눈으로 보면 다른 세상이 열린다

분위기가 이어져 성비 불균형의 정점을 찍었던 1990년대 초, 셋째아 이상 출생 성비는 남아가 여아의 두 배를 넘었다.

조남주, 《82년생 김지영》, 민음사, 2016, 29쪽

소설에서 인용한 통계자료를 더 자세히 살펴보기 위해 통계청 사이트에서 검색해봤다. 자료는 1990년부터 볼 수 있다.

시도별	총 출생성비	첫째아	둘째아	셋째아 이상
전국	116.5	108.5	117.1	193.7
서울특별시	113.3	108.3	113.1	199.6
부산광역시	118.4	108.4	120.6	260.7
대구광역시	129.7	109.1	140.9	390.2
인천광역시	111.9	108.1	112.6	164.0
광주광역시	113.3	107.7	113.4	147.5
대전광역시	122.7	106.7	123.2	296.9
경기도	111.3	107.7	110.5	165.5
강원도	113.0	109.8	109.2	143.2
충청북도	117.0	108.4	114.9	174.3
충청남도	116.6	105.6	115.1	173.6
전라북도	113.8	111.0	111.3	132.3
전라남도	114.1	108.2	113.1	136.1
경상북도	130.6	110.3	135.1	294.4
경상남도	124.7	109.5	128.6	291.4
제주특별자치도	118.8	114.4	113.2	153.5

● 1990년 시도/출산순위별 출생성비(출생성비는 여아 100명당 남아 수).
통계청, 〈인구동향조사〉 ●

소설에서 언급했던 셋째아 이상 출생성비를 보면 1990년 전국평균은 193.7로 아직 두 배를 넘지 않는다. 이후 1993년에 209.7로 처음 두 배를 넘기는 동시에 최고치를 찍는데, 1994년 206.9, 1995년 180.3을 기록하고 이후 지속적으로 낮아지는 추세다. 통계기록에서 가장 눈에 띄는 건 지역별 격차다. 대구광역시와 전라북도의 차이는 지나치게 극적이어서 비현실적으로 느껴질 정도다. 2016년엔 셋째아 이상 출생성비가 107.4를 기록했는데 출생성비와 관련한 문제는 상당 부분 완화된 것으로 보인다.

애초부터 이렇게 노골적인 회피 속에서 태어난 여성들은 성장과정에서 지속적인 차별을 경험한다. 소설은 여성이기에 끊임없이 포기하고 양보해야 했던 꿈에 대해, 남성에게 관대하고 여성에게 엄격한 세상에 대해, 일상적으로 노출되는 다양한 폭력에 대해 말한다. 그리고 드물게 찾아왔던 변화의 경험에 대해서도 이야기하며 자매애를 북돋는다.

수학의 눈으로 보면 다른 세상이 열린다

완전히 다른 두 개의 세계

학교라고 마음을 놓을 수는 없었다. 굳이 팔뚝 안쪽으로 손을 넣어 부드러운 살을 꼬집고, 다 큰 아이들의 엉덩이를 두드리거나 브래지어 끈이 지나는 등 가운데를 쓰다듬는 남자 교사가 꼭 있었다. 1학년 때 담임은 50대 남자였는데, 검지만 펼친 모양의 손가락 지시봉을 들고 다니면서 이름표 검사를 핑계로 반 아이들의 가슴을 쿡쿡 찌르고, 교복 검사를 핑계로 치마를 들추곤 했다.

앞의 책, 64쪽

여성이 사는 세계는 남성의 세계와 다르다. 성장과정도 많이 다르다. 하지만 대다수 남성은 그게 어떻게 다른지 구체적인 차이를 잘 모른다. 자신이 겪지 않은 문제를 이해하는 데는 노력이 필요하다. 여성이 남성에게 하지 않는 이야기가 제법 많다. 많은 여성이 크고 작은 성폭력, 성추행, 성희롱의 경험을 가지고 있으며 일상적으로 늘 스트레스를 받으며 산다. 남성은 그런 일들이 특별한 사건이라고 생각하지만 여성에게는 일상적으로 존재하는 공포나 두려움이다. 남성 대부분이 자신이 여성에게 우호적이라고 생각하고 여성의 고통에 공감한다고 착각하지만 실제로는 아무것도 모르는 경우가 허다하다.

귀갓길에 동네슈퍼 평상에서 넥타이를 매고 술에 취한 채 잠든 아저씨를 보며 친구와 나눈 대화가 생각난다. 아저씨가 감기에 걸리지 않을까 걱정도 들고 직장생활이란 저런 것인가 조금 애틋하기도 했다. 그런데 같이 가던 여성인 친구는 "남자라서 아무 데나 자도 되고 좋겠네."라고 했다. 뭔가 뒤통수를 한 대 맞은 느낌이었다. 생각해보면 술 취한 채 길거리에 잠든 사람 가운데 여성은 거의 없다. 하다못해 노숙자 가운데도 여성은 찾기 힘들다. 성폭력이 두렵기 때문이다.

윗옷을 벗고 베란다를 청소하는 것도, 농구를 하는 것도, 등목을 하는 것도, 술에 취해 벤치에서 잠드는 것도, 쉬는 시간에 운동장에서 맘껏 공을 차는 것도, 수틀리면 폭력을 행사하는 것도 대부분 남성이다. 남성과 여성이 사는 세계가 완전히 다르다. 남성은 어두운 골목길을 가는데 여성이 뒤따라온다고 공포감을 느끼지 않는다.

하지만 그 반대 경우는 어떤가? 이런 대화를 나눌 때 남성에게 필요한 반응은 (남성 입장에서) 나는 다르다고 한다거나, 여성도 하고 싶은 대로 하면 되지 누가 뭐라고 했느냐, 남자는 뭐 그런 고통이 없을 것 같냐고 항변하는 게 아니다. 개개인의 의도와 무관하게 이미 사는 세계가 다르다. 그래서 여성에게는 남성이 이해하지 못하는 고통과 분노가 많이 쌓여 있으며, 자기의 의지와 무관하게 발생하는 일들 때문에 많은 여성들이 일상적인 무기력감을 느낀다.

수학의 눈으로 보면 다른 세상이 열린다

과장이 심하다고? ———

> 대한민국은 OECD 회원국 중 남녀 임금격차가 가장 큰 나라다. 2014년 통계
> 에 따르면, 남성 임금을 100만 원으로 봤을 때 OECD 평균 여성 임금은 84만
> 4000원이고 한국의 여성 임금은 63만 3000원이다. 또 영국 《이코노미스트》
> 지가 발표한 유리 천장 지수에서도 한국은 조사국 중 최하위 순위를 기록해, 여
> 성이 일하기 가장 힘든 나라로 꼽혔다.
>
> 앞의 책, 124쪽

소설의 내용을 두고 논란은 계속됐다. 속이 후련하다는 반응도 많지
만, 과장이 심하다는 지적도 꾸준히 제기되고 있다. 그 가운데 가장 뜨
거운 주제 중 하나가 성별 임금격차에 대한 논란이다. 르포작가 이선
옥은 작가가 통계자료를 편의적으로 취사선택함으로써 유리한 부분만
강조했다고 비판했다.[*]

컵에 물이 반이나 차 있는지, 반만 차 있는 것인지 보는 시선에 따라
다르듯이, 같은 문제도 어떤 시선에서 보느냐에 따라 전혀 다르게 보
이는데 소설은 지나치게 한쪽 면만을 부각시키고 있다는 것이다. 동시
에 이처럼 편파적으로 여성을 피해자로만 규정하는 방식은 폭넓은 동
의를 이끌어내기 어렵고, 결국 현실을 변화시키는 힘을 약화시킬 것이
라고 지적했다.

같은 맥락에서, 통계청이 공모한 '제2회 통계 바로쓰기 공모전' 1등

---

[*] 이선옥, 〈'82년생 김지영'이 말하지 않은 이야기〉, 《허핑턴포스트코리아》

수상작 〈대한민국 성별 임금격차에 숨겨진 진실〉은 성별 임금격차 통계에 드러난 문제점을 다뤘는데, 기본 논조는 성별 임금격차가 과장됐다는 내용이다. 공교롭게도 2017년 공모 당선작에는 여성주의 관점에서 인용한 통계자료의 오류를 지적하는 수상작이 여럿 포함됐다. 확실히 여성주의 시각에서 사회를 다시 보고자 하는 노력은 일정한 성과를 내고 있는 동시에 다양한 형태의 반발도 불러일으키고 있다.

통계로 보는 성별 임금격차 논란 ━━━

2018년 3월 8일, '세계 여성의 날' 행사에는 성별 임금격차를 성토하

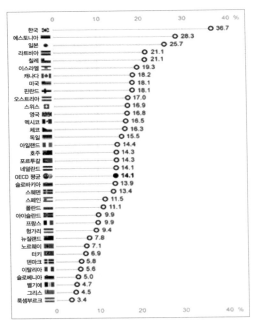

● OECD 소속 국가별 성별 임금격차(정규직 노동자, 2016년 또는 가장 최근 통계) ●

수학의 눈으로 보면 다른 세상이 열린다

는 구호가 많이 등장했다. OECD 국가 가운데 한국의 성별 임금격차가 독보적인 수준이라는 불명예는 어제오늘의 일이 아니다.

　OECD에서 발표한 자료를 보면 문제가 심각한데 성별 임금격차가 과장됐다는 주장은 왜 나오는 것일까? '제2회 통계 바로쓰기 공모전' 1등 수상작 〈대한민국 성별 임금격차에 숨겨진 진실〉을 자세히 읽어보았다. 2017년 통계청 발표에 따르면 남녀 평균 소득은 각각 390만 원, 236만 원을 기록해 남성의 평균 소득이 1.65배 더 높은 것으로 나타났다. 이를 구간별로 살펴보면 아래 자료와 같다.

구분	계	남자	여자
계	100.0	100.0	100.0
85만 원 미만	4.0	2.4	6.6
85~150만 원 미만	19.4	12.9	29.0
150~250만 원 미만	28.4	24.1	35.0
250~350만 원 미만	16.6	19.2	12.8
350~450만 원 미만	11.8	14.9	7.2
450~550만 원 미만	6.6	8.2	4.2
550~650만 원 미만	4.6	6.0	2.4
650만 원 이상	8.6	12.3	3.0
평균소득	329	390	236
중위소득	241	300	179

● **성별 소득구간 분포**(단위: %, 만 원), **통계청(2017)** ●

성별 임금격차가 과장됐다는 주장의 첫째 논거는 '극단적 값은 빼야 한다'는 것이다. 통계학은 기본적으로 집단현상을 수량화하는 학문이다. 어떤 집단의 특성을 숫자 하나로 나타낼 때 흔히 쓰는 게 대푯값이다. 우리가 가장 자주 쓰는 (산술)평균이 바로 대푯값 중 하나다.

A	B	C	D	E	합계	평균
100	120	70	100	110	500	100

● 집단 1 평균 소득 ●

A	B	C	D	E	합계	평균
0	200	40	150	110	500	100

● 집단 2 평균 소득 ●

A	B	C	D	E	합계	평균
10	10	10	10	460	500	100

● 집단 3 평균 소득 ●

숫자 하나로 어떻게 집단의 성질을 온전히 드러낼 수 있겠는가? 당연히 대푯값은 저마다 한계를 갖는다. 가령 위 표를 보면 세 집단은 모두 평균이 100이지만 각각 서로 다른 특성은 갖는다. 특히 집단 3의 경우 460을 버는 사람 때문에 평균이 100으로 잡히는데 나머지 네 명의 소득을 보면 과연 평균이 대푯값으로 제 기능을 하는지 의문이다.

그래서 종종 평균을 계산할 때 집단 3의 E와 같은 극단적 값을 빼고 계산하기도 한다. 이를 근거로 수상작의 저자는 통계자료에서 극단적

수학의 눈으로 보면 다른 세상이 열린다

값인 85만 원 미만과 650만 원 이상은 제하고 평균을 내야 한다고 주장한다. 이에 대한 비판은 뒤에서 하고 일단 계속 수상작의 논지를 살펴보자.

성별 임금격차가 과장됐다는 주장의 둘째 논거는 '교란변수'를 고려해야 한다는 것이다. 두 변수 X, Y가 있다고 하자. X, Y 사이에 연관관계가 없는 것은 아니더라도 다른 변수를 고려하지 않아서 그 관련성이 과장될 수 있다. 이때 X, Y를 제외한 다른 변수를 교란변수라고 한다. 이에 따라 성별과 임금격차 사이의 관련성을 완전히 부정하는 것은 아니지만 다른 변수(교란변수)를 함께 고려해야 한다는 것이다. 교란변수로 제시되는 자료는 성별 근무시간, 성별 근속연수, 성/연령별 경제활동인구 등이다.

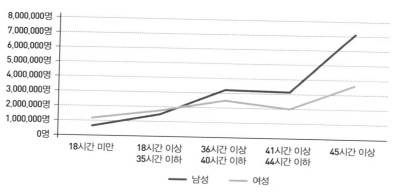

● 주당 평균 근무시간, 여성가족부(2015) ●

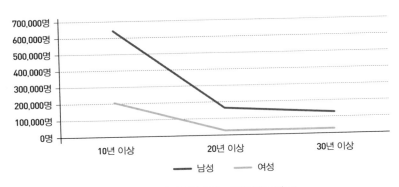

● 퇴직 소득자의 근속연수, 국세청(2015) ●

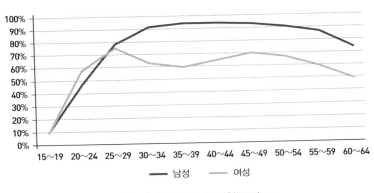

● 성/연령별 경제활동인구, 통계청(2017) ●

위 자료에 따라 실제로 남성이 더 오래, 더 많이, 일해서 더 많이 받는 것이기 때문에 단순 임금만 비교해서 드러난 성별 임금격차는 과장됐다는 것이다. 이 외에 노동 강도를 고려해도 역시 남성이 높은 임금을 받는 게 당연하다는 주장도 있다.

수학의 눈으로 보면 다른 세상이 열린다

여성의 경력단절은 어쩔 수 없는 문제인가?

대학에서 청소노동자로 일하는 여성 노동자와 남성 노동자를 생각해보자. 여성 노동자의 경우, 건물과 화장실 청소 업무를 한다. 남성 노동자는 외곽 청소와 제초, 쓰레기 운반과 분리 업무를 한다. 남성 노동자의 경우, 제초와 쓰레기 처리 업무를 하기 때문에 야외 작업수당, 특별수당이 붙는다. 근무시간 역시 남성 노동자가 한 시간 정도 길다.

같은 직군에서 일하지만, 성별에 따라 업무가 분리되고, 남성 노동자의 업무는 근무시간이나 업무 성격에 따른 수당이 유리하게 배분된다. 업무 총괄책임자 역시 남성인 경우가 많다. 이 경우에는 별도로 수당이 붙을 수 있다.

이 사례만 봐도 성별 임금격차를 분석하는 일이 그리 간단치 않다는 것을 알 수 있을 것이다. 성별 임금격차가 발생하는 원인은 아주 다양하다. 앞서 언급된 통계 자료들 외에도 숫자로 잡히지 않는 다양한 사회문화적 요소가 존재한다.

성별 임금격차가 과장됐다는 주장에는 새겨들을 만한 부분이 있다.

대푯값의 한계가 존재한다는 말이나 다양한 변수를 고려해야 한다는 말 모두 일리가 있다. 그러나 동시에 이 말은 통계자료를 분석하는 거의 모든 경우에 타당한 것이어서 그 자체로 성별 임금격차가 과장됐다는 근거가 되기는 어렵다.

먼저 예외적으로 너무 크거나 너무 작은 값은 제외해야 한다는 주장을 살펴보자. 가령 평균 소득을 구하는데 한 사람의 소득이 혼자 수백, 수천억에 달해 평균이 지나치게 높게 나오는 경우라면 예외적인 값을 제외한 다음 평균을 구할 필요가 있다. 앞서 나왔던 성별 소득구간 분포를 보면 85만 원 미만을 받는 여성 비율은 6.6퍼센트다. 650만 원 이상을 받는 남성 비율은 12.3퍼센트다. 이 정도 수치는 예외적인 값이라고 하지 않는다.

두 번째로 다양한 교란변수를 고려해야 한다는 주장은 첫 번째 주장보다는 좀 더 설득력이 있다. 확실히 통계자료로만 보면 소득격차는 근속연수나 노동시간과 관련이 있다. 성/연령별 경제활동인구를 보면 문제는 더욱 명확해진다. 20대에서 별 차이를 보이지 않던 성별 경제활동인구는 30대로 넘어가면서 급격하게 벌어지기 시작한다. 결혼과 출산, 육아로 인해 여성 경제활동인구가 크게 줄어드는 것이다. 이 시기에 소위 경력단절 여성이 대량으로 발생한다.

결국 성별 임금격차를 이야기할 때 중요한 문제는 여기서 발생한다. 그렇다면 다음과 같은 질문을 던져볼 수 있다. 결혼과 출산, 육아로 인한 경력단절은 불가피한 것인가? 출산이나 육아로 인한 부담을 전적으로 여성이 책임지는 현실은 타당한가? 출산이나 육아로 인한 경력단절은 생물학적으로 여성이 감당해야 할 숙명이라는 주장에서부터 국가나

수학의 눈으로 보면 다른 세상이 열린다

사회가 육아를 책임져주지 않는 한 어쩔 수 없다는 현실론까지, 한국 사회는 수많은 이유로 여성의 경력단절을 합리화해왔다.

그런데 비슷한 문제를 한국만 겪는 게 아닐 텐데 다른 나라에서는 왜 성별 임금격차가 우리처럼 극단적으로 벌어지지 않는가? 이전과 같이 출산이나 육아를 여성이 전적으로 책임져야 한다는 사고방식을 유지하기 힘든 상황에서 언제까지 그 의무를 여성에게 전가할 것인가? 변치 않는 사실은 한국의 성별 임금격차가 OECD 국가 중 1위, 그것도 압도적인 1위라는 사실이다. 다양한 변수를 고려해서 재해석해도 이 사실은 변하지 않는다.

그래서 수상작 마지막에 등장하는 "남녀 임금격차는 순수성별이 다르다는 이유로 차별이 발생하는 것이 아닌 일부는 노동시장에 반영된 여성의 특성에 의한 것으로 해석될 수 있다."라는 말은 공허하기 그지없다. 여성이기 때문에 필연적으로 감내해야 하는 경력단절이야말로 시급히 해결해야 할 여성차별이 아닌지 자문해봐야 한다. 성별 임금격차를 줄여야 한다는 당위에서 출발해 실제로 그 격차를 줄여왔던 해외 사례를 통해 얻을 수 있는 교훈을 고민해야 한다. 한국에서만 그 차이가 당연하게 받아들여져야 할 이유는 없다.

컵에 물이 반이나 차 있는지, 아니면 반만 차 있는지 보는 시선에 따라 다르다는 말을 다시 생각해보자. 성별 임금격차가 과장됐다는 주장은 대부분 문제해결이 아닌 현상유지를 위해 기능하는 경우가 많다. 결국 물이 반이나 차 있다는 생각이 아예 물을 더 채울 필요조차 느끼지 못하게 만든다. 우리가 분석을 하고, 글을 쓰는 것은 다른 사람을 설득해서 변화를 끌어내기 위한 것이다.

하지만 결론을 미리 내놓고 누구 편인지 따지기만 바쁜 사람들이 많은 듯하다. 자기편이라는 생각이 들면 무조건 옹호하고, 그렇지 않으면 무조건 배척한다. 이래서는 어떤 문제도 제대로 해결할 수 없다.

숫자 너머의 진실을 보기 위해 ━━━

출산한 여성 근로자가 육아휴직을 사용하는 비율은 2003년에 20퍼센트를, 2009년에야 절반을 넘었고, 여전히 열 명 중 네 명은 육아휴직 없이 일하고 있다. 물론 그 이전, 결혼과 임신과 출산 과정에서 이미 직장을 그만두어 육아휴직 통계 표본에도 들어가지 못한 여성들도 많다. 또 2006년에 10.22퍼센트이던 여성 관리자의 비율은 꾸준히 그러나 근소하게 증가해 2014년에 18.37퍼센트가 됐다. 아직 열 명 중 두 명도 되지 않는다.

앞의 책, 98쪽

직장을 그만둔 여성의 절반 이상이 5년 넘도록 새 일자리를 찾지 못하는 실정이다. 어렵게 재취업하더라도 직종과 고용 형태 면에서 모두 하향 이동하는 경우가 많다. 퇴직 이전의 직장과 비교해보면 재취업 시 4인 이하 규모의 영세 사업장에서 일하는 비율은 두 배로 뛰고, 제조업과 사무직이 줄어드는 반면 숙박, 음식점업과 판매직은 늘어난다. 임금 조건 역시 좋을 리 없다.

앞의 책, 158쪽

성별 임금격차를 바라보는 여성의 시선부터 이해하려고 노력해야 한다. 많은 여성에게 출산과 육아는 완전한 갈림길을 의미한다. 일을 계

수학의 눈으로 보면 다른 세상이 열린다

속하고 싶고, 자신이 해온 일에 대해 인정받고 성과를 남기고 싶고, 육아 외에도 다른 방식으로 자아를 실현하며 살고 싶다는 욕망을 포기하는 일이다. 한번 선택하면 다시 되돌릴 수 없는 세월이 그렇게 흘러간다. 나중에 다시 무언가를 하려 했을 땐 너무 늦다. 자신이 내린 선택이라 누구를 탓하지도 못한다. 다시 무력감이 쌓인다.

> 김지영 씨가 졸업하던 2005년, 한 취업정보 사이트에서 100여 개 기업을 조사한 결과 여성채용 비율은 29.6퍼센트였다. 겨우 그 수치를 두고도 여풍이 거세다고들 했다. 같은 해 50개 대기업 인사 담당자 설문 조사에서는 '비슷한 조건이라면 남성 지원자를 선호한다'는 대답이 44퍼센트였고, '여성을 선호한다'는 사람은 한 명도 없었다.
>
> 앞의 책, 96쪽

회사는 기본적으로 여러 가지 이유를 들어 남성을 선호한다. 그중에 출산이나 육아로 인한 경력단절이 포함된다. 여성은 때가 되면 사라진다는 것이다. 그런데 때가 되면 더 일을 할 수 없도록 만든 것은 누구인가?

2018년 기준으로 국회의 여성의원 비율은 17퍼센트라는 매우 낮은 수치를 기록하고 있다. 여성의 사회진출은 계속 늘고 있지만 고위직으로 올라갈수록, 중요한 의사결정을 하는 자리일수록 여성 비율은 계속 줄어든다. 이 역시 경력단절과 무관하지 않을 뿐만 아니라 큰일은 남자가 해야 한다든가, 남성이 훨씬 리더십이 뛰어나다든가, 남성이 훨씬 합리적이고 이성적인 의사결정에 능하다든가 하는 수많은 편견과도 관련이 깊다.

낮은 출생률을 끌어올리려고 정부는 출산장려 캠페인을 한다. 출산수당, 육아수당 등을 지급하는 새로운 정책도 만든다. 그러면서 가끔 여성을 출산의 도구로 묘사해 지탄을 받기도 한다. 한편에서는 여성을 위한 정책이 늘 때마다 역차별 아니냐는 소리가 빠지지 않고 등장한다. 맞벌이는 점점 늘어나고 여성도 돈을 벌어야만 하는데 출산이나 육아로 인한 이중부담이 사라지지 않으면 출생률도 오르기 어렵다.

여성을 출산과 육아의 도구로 생각하는 한, 그래서 일이냐 육아냐 이분법을 강요하는 한 성별 임금격차는 제대로 해결되기 어렵다. 사회가 함께 책임지는 방식으로 개인의 부담을 경감시키고, 출산과 육아가 남녀 가릴 것 없이 함께 해결해야 할 문제라는 인식이 전제돼야만 개선될 수 있다.

모든 것을 숫자로 다 설명할 수는 없다. 공감하려는 마음이 없다면 애초에 문제를 문제로 인식할 수조차 없다. 모두가 불행하다고 난리인데 우리는 문제해결을 위한 길을 찾지 못하고 누가 더 고통스러운지 싸우느라 아우성이다.

- 의견이 갈리는 구체적인 주제를 정한 다음, 통계자료를 통해 문제를 분석해 보자.
- 위 문제를 분석할 때 통계자료로 파악이 불가능한 고려 요소는 없는지 살펴 보자.
- 다양한 대푯값의 사용 사례를 살펴보고, 각각이 가진 문제점을 파악해보자.
- '성별 임금격차가 심각하다'는 주장과 '성별 임금격차는 과장됐다'는 주장 중 에 더 타당하다고 생각하는 입장을 선택한 후 그 이유를 설명해보자.

교과과정 연계

중학교 수학 1: 자료의 정리와 해석
중학교 수학 3: 대푯값과 산포도

나이팅게일은 평생 동안 수많은 보고서를 작성했다.
반박할 수 없는 엄청난 양의 데이터를 근거로 군의료 체계를 고쳐나갔다.

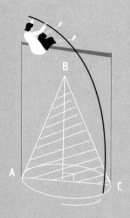

12

·

나이팅게일에게
왜 통계가 중요했을까?

백의의 천사 혹은 시대를 앞서간 통계학자

나이팅게일을 다룬 책이나 다큐멘터리는 아동을 대상으로 하는 동화나 만화 형식의 위인전이 대부분이다. 나이팅게일은 보통 '백의의 천사'나 '등불을 든 여인'으로 자주 묘사된다. 그런데 우연히 과학 잡지를 보다 나이팅게일이 뛰어난 통계학자였으며 영국 왕립통계학회 최초의 여성 회원이었다는 사실을 알게 됐다.

최근 몇 년 사이 나이팅게일의 새로운 면모를 보여주는 기사가 부쩍 늘기는 했다. 나이팅게일은 의료 행정가로서 현대적인 위생과 간호 시스템을 정립하는 데 독보적인 인물이었다. 더군다나 그 도구로 수학을 활용했다니 자세한 내용이 궁금했다. 하지만 아무리 검색을 해도 관련 내용을 찾기 어려웠다.

아동용 콘텐츠는 나이팅게일이 그저 마음씨 고운 간호사였다는 점만 계속 이야기하더니, 성인용 콘텐츠는 뛰어난 통계학자였다는 점만 계속 강조한다. 통계자료 분석이 중요해진 시대적 흐름에 따라 나이팅게일에 관한 뉴스도 업데이트된 것일 뿐 단편적인 지식만 반복적으로 전달하기는 매한가지다. 단지 착한 힐러에서 지적인 통계학자로 캐릭터

수학의 눈으로 보면 다른 세상이 열린다

특성만 바뀌었을 뿐이다.

대게 이런 식의 콘텐츠는 읽는 이들에게 별다른 영감을 주지 않는다. 나이팅게일의 다양한 면모를 제대로 보여주지도 못한다. 나이팅게일은 뛰어난 의료 행정가였는데 업무 특성상 정치에 깊이 개입하지 않고는 불가능한 일이었다. 통계는 이 과정에서 상대방을 설득하기 위한 도구였다. 특히 나이팅게일은 군의료 체계 개혁을 강하게 주장했기 때문에 군 관료들과 다툼이 많았다. 그는 어떻게 이 난관을 헤쳐나갔을까? 더군다나 여성이 전문적인 직업을 갖는 일이 드물었던 19세기 영국에서 말이다.

2016년 군자출판사에서 나온 《나이팅게일 평전》은 만화 형식이고 적은 분량으로 압축돼 있긴 하지만 나이팅게일의 삶 전체를 다루고 있는 데다 간호사, 통계학자, 의료 행정가 등 나이팅게일의 활동과 생각을 두루 서술하고 있다. 이 책에 참고서적으로 언급된 에드워드 쿡 Edward Cook의 저서 《나이팅게일의 생애The Life of Florence Nightingale》와 나이팅게일이 직접 쓴 보고서의 일부를 찾아 읽었다.

나이팅게일은 1820년, 산업혁명으로 경제발전이 한참이던 초강대국 영국에서 상류계급 자녀로 태어났다. 어려서부터 신앙심이 강했고, 동시에 수학이나 철학 등 여러 학문에 두루 관심을 보인 반면, 당시 여성이 요구받던 소양을 키우는 데는 크게 노력을 기울이지 않았다. 그러다 22세 때 봉사활동차 방문했던 농가에서 나이팅게일은 엄청난 충격을 받는다.

내 마음은 사람들의 고통을 생각하면 암울해지고, 그것이 24시간 앞뒤에서 나를 휘감고 떨어지지 않는다. 나는 더 이상 다른 일을 생각할 수가 없다. 시인들이 칭송한 이 세상의 영광도 내게는 모두 위선으로밖에 생각되지 않는다. 눈에 비치는 사람들은 모두, 불안과 빈곤, 병이 좀 먹고 있다.

이바라키 타모츠, 《나이팅게일 평전》, 군자출판사, 2016, 19쪽

독보적인 의료 행정가, 나이팅게일 ━━━━

나이팅게일이 간호사가 되기로 마음먹은 것은 이즈음이었다. 파스퇴르가 부패 현상이 미생물에 의한 것이라는 사실을 알아낸 게 1861년이었고, 외과의사 리스터가 소독법을 발견한 것이 1865년이었다. 아직 소독이나 살균에 대한 개념도 없던 시대였다. 당시 병원은 위생 개념이 전무하다시피 했고 매우 더럽고 위험했다.

간호사에 대한 인식은 이보다 더 나빴다. 당연히 가족들은 반대했고 나이팅게일은 우울증으로 자주 몸져누웠다. 이후로도 나이팅게일은 가족과의 관계가 원만하지 못할 때가 많았는데 사는 내내 이로 인해 엄청난 스트레스를 받았다.

청혼을 거절한 나이팅게일은 자신이 원하던 일을 실천할 방법을 찾던 중, 1851년 비교적 체계적이고 깨끗하게 운영되던 카이저스베르트 간호학원에 들어갔다. 여러 병원이나 진료소, 구호소 등을 방문해 조직 구성이나 환경설비를 꼼꼼하게 조사하던 나이팅게일은 1853년 그 업적을 인정받아 런던에 있는 부인자선병원 재건 총책임자로 임명됐다. 이때부터 나이팅게일은 발군의 실력을 유감없이 발휘하기 시작한다.

수학의 눈으로 보면 다른 세상이 열린다

지금까지 간호란, 겨우 약을 먹게 하거나 습포제를 바르는 것과 같은 의미에 한정돼 있다. 그러나 간호란, 신선한 공기, 햇빛, 따뜻함, 청결함, 조용함 등을 적절히 조절해 이것을 살려서 활용하는 것, 또 식사내용을 적절히 선택해 적절히 주는 것 등을 의미해야 한다.

앞의 책, 41쪽

나이팅게일은 당시 싹트기 시작한 공중위생 개념에 기초해 간호의 본질이 환경정비에 있음을 간파하고 병원구조를 고쳐나갔다. 각 층마다 온수를 사용할 수 있게 배관을 바꾸고, 취사장에서 각 층으로 음식을 배달할 수 있는 리프트를 만들었다. 낡고 더러운 침구나 커튼 등은 전부 교체했고 청결을 유지하기 위해 세탁, 환기, 청소 등을 철저히 했다.

또한 간호사의 업무량을 효율적으로 조절하면서 동시에 환자가 원할 때 언제든 간호사를 부를 수 있도록 종을 설치했는데 이는 오늘날 병원용 인터폰의 원형이 됐다. 나이팅게일이 도입한 기술혁신은 간호사가 환자를 효율적으로 간호하고 환자가 원할 때는 언제든 간호사의 도움을 받을 수 있게 하는 것을 목적으로 했다.

이렇게 만들어진 나이팅게일식 병원에 모두 찬성한 것은 아니었다. 이전과 완전히 다른 구조를 만드는 일이었기 때문에 반대하는 사람도 있었다. 초기설비 투자에 돈도 많이 들었다. 이때마다 나이팅게일은 반대하는 사람들을 해고하거나 자연스럽게 밀어냈다. 재정이 많이 필요했으므로 재무관리도 엄격하게 했다. 한마디로 나이팅게일은 일반적으로 생각하는 착한 간호사가 아니라 엄격한 운영자에 가까운 사람이었다.

당시 영국은 크림전쟁을 치르고 있었다. 크림전쟁은 1853년부터 1856년에 걸쳐 일어났다. 남쪽으로 영향력을 확대하려는 러시아와 이를 막으려는 터키가 크림반도에서 맞섰다. 러시아를 견제하려는 영국과 프랑스가 파병해 터키와 함께 싸웠는데 부상병은 크림반도에서 흑해를 건너 터키령 스쿠타리로 이송됐다. 병원을 혁신하는 데 성공한 나이팅게일은 그 능력과 열정을 인정받아 1854년, 영국정부의 요청으로 간호단을 구성해 터키로 향한다.

수학의 눈으로 보면 다른 세상이 열린다

영국군을 살린 로즈 다이어그램

나이팅게일이 처음 접한 전쟁터, 스쿠타리 야전병원은 말 그대로 생지옥이었다. 병원은 부상병으로 넘쳐났다. 말이 병원이지 변변한 병실도 없었다. 6.4킬로미터에 이르는 복도에 늘어선 부상병들은 30센티미터 간격으로 누워 있었다. 위생환경은 최악이었다. 곳곳에 시체와 오물이 뒤섞여 나뒹굴었다. 식사도 열악했다. 의사도 턱없이 부족했으며 간호는 전문지식이 전혀 없는 잡역병이 대신하고 있었다. 그런데도 군의 명령체계는 매우 비효율적이고 권위적이어서 새로 도착한 간호단에게 역할을 주려고 하지 않았다.

나이팅게일의 생각은 확고했다. 이 지옥은 자연재해가 아니라 인재다. 제대로 된 위생과 간호 시스템만 갖춰진다면 사망자수는 획기적으로 줄어들 것이다. 그러나 모든 시스템을 군이 통제하는 상황에서 그들과 대립하면 기회가 주어지지 않는다. 나이팅게일은 군과 맞서지 않고 기회가 오기를 기다렸다. 결국 밀려드는 부상병을 감당하기 어려워지자 군은 간호단에 도움을 요청했다. 본격적인 업무가 시작되자 나이팅게일은 조금씩 상황을 주도하며 시스템을 장악해나갔다.

나이팅게일은 구체적이고 효율적인 개선 프로그램, 저돌적인 실천력, 행정조직 내 지지자, 현장에 파견된 정부 조사단 등을 활용해 다양한 방법으로 군내부의 반발을 무마하며 전진했다. 국민여론이 나이팅게일에게 기울었고 무엇보다 빅토리아 여왕의 지지로 그의 입지는 점점 확고해졌다.

사람들은 나이팅게일을 '쇠망치를 가진 부인'이라고 불렀다. 매일 밤마다 등불을 들고 6.4킬로미터 복도를 순회하는 그에게 '램프를 든 숙녀'라는 별칭도 붙었다. 나이팅게일은 평생을 차가운 금속인 동시에 뜨거운 불처럼 살았다.

정보를 효과적으로 시각화하다 ━━

정치력과 더불어 군의료 체계를 개혁하는 데 필요한 것은 수학이었다. 나이팅게일은 평생 동안 엄청난 양의 페이퍼를 작성했다. 대부분 정부에 제출하는 보고서였다. 방대한 양의 보고서에는 방대한 양의 통계자료가 포함됐다. 도저히 반박할 수 없는 엄청난 양의 데이터를 근거로 나이팅게일은 잘못된 군의료 체계를 고쳐나갔다.

데이터는 대부분 숫자를 포함하는 도표 형식인데 정치인이나 행정관료들이 쉽게 이해할 수 있도록 가끔씩 그래프를 사용하기도 했다. 〈영국군대의 건강, 효율, 병원 행정에 영향을 미치는 요소에 관한 노트 Notes On Matters Affecting The Health, Efficiency, And Hospital Administration Of The British Army〉(이하 〈영국 군대에 관한 노트〉)는 크림전쟁이 끝난 직후, 군의료 체계 개혁을 주장하며 제출한 보고서이다. 이 보고서에 유명한 로

수학의 눈으로 보면 다른 세상이 열린다

즈 다이어그램이 나온다.

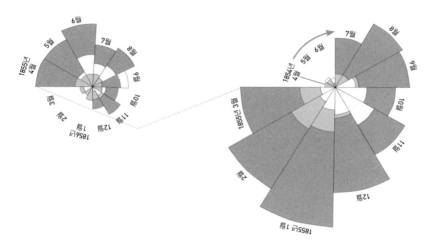

● 크림전쟁에 참전한 영국군 사망원인을 나타낸 로즈 다이어그램 ●

　로즈 다이어그램은 그래프 모양이 장미를 닮았다고 해서 붙여진 별명이다. 위에서 오른쪽 그림을 보면 1854년 4월부터 시작해서 시계 방향을 따라 월별 사망자수가 부채꼴 형식으로 표시돼 있다. 원을 30도씩 12등분해서 총 12개의 부채꼴로 월별 사망자수를 표시했는데 면적이 넓을수록 사망자가 많다는 의미다.

　안쪽에서부터 흰색은 부상에 의한 사망(원서: 빨간색), 파란색은 기타원인에 의한 사망(원서: 검은색), 회색은 각종 전염병에 의한 사망(원서: 파란색)을 나타낸다. 흰색, 파란색, 회색 부채꼴은 모두 중심이 일치하도록 겹쳐 그렸다. 그러니까 흰색 부채꼴 아래 파란색 부채꼴이, 다시그 아래 회색 부채꼴이 겹쳐져 있는 셈이다.

　가령 1854년 10월을 보면 흰색 영역 바깥쪽에 굵은 파란 줄이 있는

데 이는 파란색 영역의 넓이가 거의 0에 가깝다는 뜻이 아니라, 흰색 영역과 파란색 영역의 넓이가 같다는 의미다. 파란색 영역이 흰색 영역 아래 놓이도록 그렸기 때문이다. 또 1855년 1월을 보면 파란색 부채꼴 반지름 길이가 흰색 부채꼴 반지름 길이의 두 배쯤 되는데 이는 면적은 네 배라는 뜻이다. 부채꼴 면적은 반지름의 제곱에 비례하기 때문이다.

오른쪽 그래프는 1855년 3월에서 끝나고, 바로 이어서 왼쪽 그래프는 1855년 4월부터 시작해 다시 시계 방향으로 1년치 자료를 나타낸다. 나이팅게일은 원인별 사망자, 월별 사망자 추이를 한 번에 표시하면서도 면적 비교를 통해 직관적으로 이해할 수 있게 그래프를 고안했다.

이 자료 덕분에 복잡한 숫자를 다루지 않아도 그래프를 보면 두 가지 분석이 즉시 가능하다. 부상에 의한 사망보다 전염병에 의한 사망이 압도적으로 많다는 사실, 처음 1년보다 그다음 1년간 사망자수가 급격히 줄어들었다는 사실 말이다.

수학의 눈으로 보면 다른 세상이 열린다

변화의 필요성을 숫자로 설명하는 법

　　　　나이팅게일은 1859년에 뛰어난 수학 실력, 특히 통계학 실력으로 영국 왕립통계학회 정식회원이 된다. 여성으로서는 최초다. 전쟁을 직접 경험하고 군의료 체계 개혁이 절실함을 몸소 겪은 후 집요하게 자료를 모은 덕분이다. 전쟁이 끝난 후부터 나이팅게일은 이 일에 모든 에너지를 쏟았다. 나이팅게일은 변화의 필요성을 숫자로 설명했다. 차곡차곡 자료를 모아 만든 〈영국 군대에 관한 노트〉는 무려 1000쪽에 달했다. 그는 완벽주의자였다. 거의 기진맥진할 정도로 집요하게 보고서를 작성했다.

> 크림의 경험은 유일한 사례가 아니다. 유럽대륙에서 벌어졌던 여러 전쟁에서 같은 원인이 같은 결과로 이어졌다는 점을 보여주려고 노력했는데, 이는 과거의 교훈으로부터 배울 점을 가능한 많이 보여줌으로써 미래에는 유사한 재앙을 막고자 함이었다.
>
> 나이팅게일, 〈영국 군대에 관한 노트〉, 1857, 머리말

		총 병사수	부상병수	부상병 비율(%)	활동 가능한 병사수
1854년	10월	18,547	4,508	24.2	14,039
	11월	22,047	6,744	30.5	15,303
	12월	25,776	8,342	32.3	17,434
1855년	1월	26,578	11,070	41.6	15,508
	2월	27,045	13,428	49.6	13,617
	3월	25,003	12,772	51.0	12,231
	4월	23,047	9,982	43.3	13,065

● 크림전쟁 당시 병사 관련 자료 ●

　사람들은 나이팅게일이 지극한 휴머니스트라고 생각하지만 그가 군 의료 체계 개혁에 매진한 가장 주된 이유는 효율적으로 군대를 운용하기 위해서였다. 위 표는 나이팅게일의 요청으로 군 당국이 제출한 자료로 크림전쟁 당시 부상병수에 관한 정보를 얻을 수 있다.

　이 표를 보면 영국군대의 효율이 얼마나 떨어지는지 직관적으로 알 수 있는데 부상병 비율이 절정에 달한 1855년 3월에는 그 비율이 무려 51퍼센트에 이른다. 병사 가운데 절반이 활동을 할 수 없는 상태다. 표에는 나와 있지 않지만 이 기간 내내 부상 상태였던 부상병 숫자의 평균은 38.9퍼센트다. 나이팅게일이 보기에 이 극단적인 비효율은 군의료 체계로부터 비롯된 것이었고, 시스템을 바꾸면 대폭 개선이 가능한 문제였다. 나이팅게일은 그 심각성을 다시 숫자로 설명한다.

　달리 말하면, 실제 전력은 61퍼센트를 넘지 않는다는 이야기다. 같은 비율로 전

　　　　　　　　　수학의 눈으로 보면 다른 세상이 열린다

력을 유지하려면 병사 100명을 위해 164명을 징집해야 한다(100/164=0.61). 병사 100,000명이라면 164,000명을 징집해야 하는데 이 가운데 64,000명은 계속 병원에 있다는 이야기다. 그 부상병들을 돌보며 의료 처방을 내리고 간호를 할 군대가 또 필요하게 된다. 병원 장비, 의약품, 위문품, 생필품 등을 수송하는 데 막대한 운송 비용이 추가로 발생한다.

나이팅게일, 〈영국 군대에 관한 노트〉, 1857, 머리말

나이팅게일은 이런 상태라면 사실상 두 개의 군대가 필요한 것이라고 꼬집는다. 하나는 적과 싸우는 부대이고 하나는 부상이나 질병과 싸우는 부대다. 게다가 이 기간 동안 부상이나 질병으로 죽은 병사의 수는 전투 도중 사망한 숫자보다 일곱 배나 많다. 총체적으로 너무 심각한 상황이었다.

이 보고서에는 모두 언급하기조차 어려울 정도로 많은 데이터가 표로 정리돼 나온다. 가령 부상병, 사망자 숫자도 다시 세분화해 부대별로 정리했다. 부상병도 부상이나 질병 종류에 따라 다시 분류한다. 심지어 병원에서 관리한 보급품 목록까지 세세히 다 정리돼 있는데 여기에는 수건, 환자복, 침낭의 숫자까지 다 나온다.

당시 작업 환경을 고려했을 때 완벽주의에 가까운 집요함 없이는 불가능한 일이다. 이뿐만 아니라 이전 상황과 크림전쟁을 비교하기 위해 1809년 왈헤렌 원정과 1811년 반도 전쟁 당시 데이터도 비교 분석한다.

종합해보면 엄청난 사망자수는 전쟁 때문만이 아니라 스쿠타리 종합병원의 소름끼치는 상태도 큰 원인이란 사실을 알게 된다. 각각의 부대 가운데 불행하게

이 세균이 득실거리는 곳으로 보내진 숫자가 얼마나 많느냐가 아주 중요한 이
유라는 사실도.

…

하지만 과밀수용, 환기부족, 하수처리 부족, 더러운 물, 더러운 공기에 대한 지
적은 거의 보이지 않는다. 고려 가능한 모든 처방이 시도된 것으로 보인다. 그러
나 누구도 신선한 공기의 효과에 대해서는 생각해보지 않은 듯하다. 스쿠타리
종합병원의 재앙은 반도 종합병원의 재앙보다 더 커졌다. 앞선 전쟁에서 위생
작업에 대한 어떤 기록도 적지 않았고 그 결과 다음 전쟁에선 훨씬 치명적인 결
과를 초래했다.

나이팅게일, 〈영국 군대에 관한 노트〉, 1857, 머리말

상황은 명확했다. 의료체계 개혁과 보건, 간호 개념 확립이 절실했
다. 전시 이외 상황에서도 마찬가지였다. 이처럼 집요한 나이팅게일의
노력이 있었기 때문에 크림전쟁 후반부에 사망자 숫자가 절대적으로
줄어든 것이다.

나이팅게일 선서에는 나이팅게일이 없다 ———

각 대학 간호학과에서는 나이팅게일 선서식을 하는 곳이 많다. 하나
같이 유니폼을 맞춰 입은 학생들이 촛불을 들고 신비로운 분위기를 연
출하며 나이팅게일 선서식이 진행된다. 이 행사에서 가장 많이 등장하
는 단어는 섬김, 헌신, 봉사, 사명, 신앙과 같은 것들이다.

물론 나이팅게일은 헌신적인 간호사이기도 했다. 그러나 본질적으

수학의 눈으로 보면 다른 세상이 열린다

로 그는 의료개혁에 매진한 의료 행정가였다. 정치에도 능했고 수학도 잘했다. 나이팅게일이 언제나 정답만 제시한 것은 아니다. 그도 실수를 했다. 인도에 파견된 영국군대의 의료환경 개선을 위해 환기를 지속적으로 요구했지만 인도의 찌는 듯한 더위로 역효과가 났다.

또 1883년 콜레라균이 발견되기 전까지 미생물이 아니라 장기(병을 일으킨다고 생각했던 대기 중의 독소와 같은 것) 등이 역병의 최대원인이라고 생각하기도 했다. 그럼에도 그가 보건, 간호의 개념을 확립하고 현대적인 병원체계를 세우는 데 획기적인 공을 세웠음은 누구도 부인할 수 없다.

생각노트

- 논란이 많은 위인을 선택해 어릴 적 읽었던 전기의 내용과 새로 알게 된 지식을 비교해보자.
- 나이팅게일이 계속 백의의 천사로만 알려진 이유를 생각해보자.

교과과정 연계
중학교 수학 1: 자료의 정리와 해석

수학은 남성이 잘한다는 편견 때문에 남성에게 더 많은 기회가 부여되고,
그 기회의 차이가 다시 편견을 강화했던 것은 아닌지 돌아볼 필요가 있다.

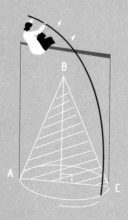

13

·

수학이 잘못된 편견을
강화할 수도 있을까?
《아주 친밀한 폭력》

여자보다 남자가 수학을 더 잘할까?

2017년에 한 초등학교 교사가 인터뷰 영상에서 '학교 운동장을 뛰어노는 것은 전부 남자아이들이다. 왜 여자아이들은 운동장을 갖지 못할까?'라는 질문을 던졌다. 이 영상의 제목은 〈우리에겐 페미니스트 선생님이 필요합니다〉였는데, 페미니즘 관련 이슈가 대부분 그렇듯이 한쪽에서는 환호와 지지가 다른 한쪽에서는 비난과 야유가 쏟아졌다.

한국사회의 여성주의를 바라보는 시각차는 너무 커서 한 가지 주제에 대해 이렇게 중간 스펙트럼 없이 양극단만 있는 사회현상이 가능할까 싶을 정도다. 보통 특정한 사회문제를 대하는 대중의 태도는 정규분포 곡선처럼 대칭적인 경우가 많고 적당히 중간쯤에서 절충하려는 의견이 다수를 차지한다. 특정 이슈에 대해 모두가 열광할 때나 거부감을 보일 때, 또는 중간 없이 양극단으로 나뉘어 싸울 때는 이러한 현상이 그 사회가 가진 어떤 문제와 연결돼 있다는 점에서 깊이 들여다볼 필요가 있다.

운동장을 남학생이 전유하고 있다는 주장에 대한 비판은 논리가 매

수학의 눈으로 보면 다른 세상이 열린다

우 단순하다. 누가 운동장을 쓰지 말라고 했냐는 것이다. 여성들이 대부분 운동을 좋아하지 않아서 운동장을 찾지 않는데 왜 그걸 남성 탓으로 돌리냐는 말이다.

남학생이 전유한 운동장 vs 운동을 좋아하지 않는 여학생, 어떤 이야기가 진실에 가까울까? 왜 똑같은 현상을 보며 완전히 서로 다르게 분석하는 것일까? 일단 수학과 여성(주의)에 관한 이야기에서부터 시작해 보자.

편견이 차이를 만들고, 차이는 다시 편견을 강화한다 ━━━━

수학과 관련해 부모 세대는 대부분 '여성보다 남성이 수학을 잘한다.'라는 편견을 갖고 있다. 십여 년간 학원 강사를 하다 보니 현장에서도 비슷한 인식을 종종 접하게 된다. "우리 애가 여학생이라 수학, 과학 성적이 불리하잖아요." 혹은 "아무래도 여자애라 문과를 보냈어야 했나 봐요."와 같은 반응은 아주 흔한 레퍼토리다.

여성이 평균적으로 국어, 영어와 같은 능력은 남성보다 뛰어난 데 반해 수학이나 과학과 관련된 능력은 떨어진다는 생각을 가장 강력하게 뒷받침하는 것은 현실로 드러나는 각종 통계 수치들이다.

대표적인 것이 학업성취도인데 국어, 영어 성적은 여학생이 높게 나타나는 반면 수학, 과학은 남학생이 높게 나타나는 패턴이 지속적으로 유지됐다. 이 외에도 이과생 비율, 이공대 진학률, 수학이나 과학 관련 성별 종사자 비율, 성별에 따른 필즈상 또는 노벨상 수상자 비율 등을 보면 현상으로 드러나는 모습에서 대체로 양적 불균형이 두드러진다.

너무 당연하게 여겨져 이와 관련해서는 연구도 별로 이뤄지지 않았기 때문에 90년대까지는 관련 논문도 많지 않다. 가장 손쉽게 분석할 수 있는 자료가 학업성취도일 텐데 전수조사 형식을 띠는 일제고사는 사교육을 부추기고 학생, 학교, 지역 간 서열화를 심화시킨다는 이유로 1998년에 폐지됐고, 그 이전 자료는 데이터가 전산화되기 이전이라 분석이 어려운 데다 성취도를 성별에 따라 분석할 필요가 있다는 시각 자체가 없었기 때문에 자료가 많지 않다.

하지만 최근 들어 상황이 급변하고 있다. 2008년에 전수조사를 전제로 하는, 즉 특정학년 전체가 시험을 보는 일제고사가 부활하면서 자료가 쌓였고 유의미한 분석도 가능해졌다. 당시 일제고사를 다시 실시하는 것에 대해 사교육을 강화하고 서열화를 부추긴다며 비판 여론이 일기도 했는데, 이러한 문제 제기가 타당한가와는 별개로 성별에 따른 학업성취도는 물론 다방면으로 분석 가능한 자료가 생긴 셈이다. 국제수준 참고자료는 PISAProgramme for International Student Assessment를 가장 많이 인용한다. PISA는 OECD 주관으로 시행되는 국제학업성취도 평가로서 만 15세 학생을 대상으로 한다.

학업성취도 결과를 살펴보면 대단히 흥미롭다. 다음 페이지의 표를 보면 중3의 경우 2012년 수학을 제외한 모든 과목에서 여학생의 학업성취도가 높게 나타난다. 고2의 경우 수학 성적의 차이는 시간이 지날수록 줄어들지만 국어, 영어 차이는 좁혀질 기미가 보이지 않는다. PISA 결과를 분석한 표를 보면 더 흥미롭다. 2015년에 이르면 읽기 능력뿐만 아니라 수학, 과학 영역에서조차 성취도가 뒤집혔다.

수학의 눈으로 보면 다른 세상이 열린다

		2011년			2012년			2013년		
		남	격차	여	남	격차	여	남	격차	여
중학교 3학년	국어	200.8	12.0	212.8	202.6	10.4	213.0	204.1	11.9	216.0
	영어	192.0	10.1	202.1	191.4	8.6	200.1	191.1	8.9	200.0
	수학	192.4	0.8	193.2	192.9	−0.7	192.2	190.2	0.8	191.0
고등학교 2학년	국어	203.4	8.9	212.3	201.4	9.6	211.0	200.7	10.1	210.8
	영어	207.6	7.0	214.6	207.5	7.0	214.6	209.9	5.8	215.8
	수학	204.3	−2.5	201.8	203.6	−3.3	200.2	205.0	−2.9	202.1

		2014년			2015년			2016년		
		남	격차	여	남	격차	여	남	격차	여
중학교 3학년	국어	201.4	10.7	212.1	195.9	14.8	210.7	205.0	13.3	218.3
	영어	192.2	10.0	202.2	195.7	11.6	207.3	198.0	11.9	209.9
	수학	190.2	1.0	191.2	197.5	3.0	200.5	201.1	0.2	201.3
고등학교 2학년	국어	204.4	9.3	213.7	191.5	15.7	207.2	194.2	15.2	209.4
	영어	207.5	8.3	215.8	194.5	11.6	206.1	194.3	12.2	206.5
	수학	203.8	−1.1	202.7	197.8	0.4	198.2	197.0	−0.5	196.5

● 2011~2016 학업성취도 평가 결과, 한국교육과정평가원 ●

● 2015년 PISA 결과, OECD ●

PISA 결과는 학업성취도와 비슷하게 읽기 영역에서 차이는 제법 두드러지는 반면 수학, 과학에서는 차이가 있다고 보기 어려운 수준으로 엇비슷해졌다. 2017년부터는 학업성취도가 전수조사에서 다시 표집평가로 바뀌었다. 2016년 한국교육과정평가원 보도자료는 기초학력 미달 비율이 남학생이 높다는 점을 강조했을 뿐 학업성취도가 전반적으로 여학생이 높다는 이야기는 하지 않는다.

2017년 보도자료에는 이에 대한 언급이 나오는데 수학, 과학에서는 차이가 거의 사라진 반면, 국어, 영어에서는 격차가 두드러지게 드러난다고 분석했다.

	국어		수학가(이과)		수학나(문과)		영어	
	남	여	남	여	남	여	남	여
2011년	98.1	103.1	100.6	99.2	99.9	99.6	98.7	101.8
2015년	98.5	102.6	99.1	99.5	98.7	100.2	97.1	100.9
2018년	98.52	101.52	100.43	99.38	99.78	100.1	절대평가 도입	

● 수능 과목별 표준점수 평균, 한국교육과정평가원 ●

위 표를 보면 수능결과도 마찬가지 흐름을 반영한다. 결과는 학원 현장에서 경험한 느낌과 크게 다르지 않다. 성별에 따른 성취도 차이는 점점 의미를 잃어가고 있다. 중학교에서는 여학생이 많은 곳에서는 내신이 불리하다며 남학생 일부가 전학을 가는 일도 벌어진다.

이를 보면 그동안의 수학 과목의 성별 학업성취도 차이가 상당 부분 사회문화적 요인에서 비롯됐다는 합리적 가설이 가능하다. 적어도

수학의 눈으로 보면 다른 세상이 열린다

수학은 남성이 잘한다는 편견 때문에 남성에게 더 많은 기회가 부여되고, 그 기회의 차이가 다시 편견을 강화했던 것은 아닌지 돌아볼 필요가 있다.

어떤 질문을 던지느냐가 행동을 결정한다

그렇다면 오랫동안 지속돼온 편견은 어디서부터 잘못된 걸까? 두 가지 질문이 있다. "남성이 여성보다 평균적으로 수학, 과학 실력이 뛰어난 데는 당연히 생물학적 요인이 존재하지 않을까?" 또는 "과학적으로 입증되지 않았는데도 왜 사람들은 생물학적 이유로 남성이 여성보다 수학, 과학을 더 잘한다고 생각할까?"

같은 현상에 대한 전혀 다른 질문은 전혀 다른 문제의식을 기반으로 한다. 그동안 많은 사람들이 전자의 입장에 서 있었고 온갖 통계자료에 사회 통념을 더해 입증되지 않은 사실을 진실로 믿었다. 이런 입장은 자칫 잘못하면 우생학적 편견에 근거한 차별로 이어질 수도 있다.

반면 후자의 입장에 섰던 사람들은 다른 이유를 찾으려고 노력했고 편견이 사라진다면 상황은 달라질 것이라고 생각했다. 그동안 '남성이 여성보다 생물학적으로 이성적 판단에 뛰어나다'라고 전제한 상태에서 수많은 연구가 진행됐다.

현실에서 드러난 통계자료도 대부분 편견을 뒷받침했다. 이 구조가 순환을 이루며 계속 비슷한 상황이 반복됐다. 그런데 그 어느 때보

수학의 눈으로 보면 다른 세상이 열린다

다 여성의 교육기회가 늘어나면서, 최근 몇 십 년간 누적된 데이터 때문에 오랜 기간 지속돼온 편견이 힘을 잃기 시작했다. 자, 이제 편견은 완전히 사라지는 것일까?

이 글은 최대한 객관적인 데이터를 기반으로 사안을 분석하려고 노력했지만 어떤 입장을 지지하고 있는 것은 분명하다. 통계학은 사회나 국가를 운영할 목적이 강하게 반영된 학문이기 때문에 통계자료 분석은 어떤 입장을 전제하고 자료를 다루느냐에 따라 가치관이 개입된다. 거짓말을 하면 안 되지만 연구자에게는 적극적으로 해석할 자유가 있기 때문이다.

따라서 언론에 등장하는 자료분석을 곧이곧대로 믿으면 안 된다. 어떤 입장에서 자료를 해석하고 있는지 생각해봐야 한다. 오류를 줄이려면 다양한 관점에서 살펴볼 필요도 있다. 더불어 인간이 얽혀 있는 사회문제를 다룰 때는 이를 수학적 관점에서만 분석할 수 없다는 사실도 항상 고려해야 한다. 통계자료 분석은 현상을 설명하고 미래를 예측하기 위한 것이지만 그 자체로 절대적이고 객관적일 수 없다. 가치의 문제는 항상 수로 환산할 수 있는 게 아니다.

앞에서 설명한 성별 학업성취도 역시 다른 관점에서 분석해볼 수 있다. 다음 페이지에 있는 표를 보자. 고등학교 2학년 수학 과목 학업성취도와 관련해, 평균이 아니라 표준편차를 조사하면 항상 남학생이 더 크게 나타난다. 성취수준을 우수학력, 보통학력, 기초학력, 기초학력 미달 등 4등급으로 나누는데 우수학력과 기초학력 미달자 비율이 남학생이 높기 때문이다. 이를 두고도 여러 해석이 가능한데, 수학 과목 학업성취도 평균은 엇비슷해졌지만 문제가 어려워지면 여전히 남학생이

연도	성별	빈도(명)	평균	표준편차
2015	남학생	232,582	197.84	49.86
	여학생	219,934	198.24	44.07
2016	남학생	224,798	197.01	45.63
	여학생	214,888	196.50	40.33

● 2016 학업성취도 평가 결과 – 고등학교 2학년 수학, 한국교육과정평가원 ●

연도	성취수준	남학생	여학생
2015	우수학력	67,842(29.17)	60,967(27.72)
	보통학력	116,481(50.08)	117,853(53.59)
	기초학력	32,731(14.07)	31,667(14.40)
	기초학력 미달	15,528(6.68)	9,447(4.30)
	계	232,582(100.00)	219,934(100.00)
2016	우수학력	71,962(32.01)	62,429(29.05)
	보통학력	101,976(45.36)	107,463(50.01)
	기초학력	37,678(16.76)	35,089(16.33)
	기초학력 미달	13,182(5.86)	9,907(4.61)
	계	224,798(100.00)	214,888(100.00)

● 2016 학업성취도 평가 결과 – 고등학교 2학년 수학, 한국교육과정평가원 ●

수학 문제를 잘 푼다고 분석할 수도 있다. 이처럼 어떤 질문을 던지느냐에 따라 서로 다른 모색과 행동이 이어진다.

무엇이 중요하다고 생각할 수 있는 인식은 기본적으로 우리가 몸담고 있는 사

수학의 눈으로 보면 다른 세상이 열린다

회의 지적 패러다임에 의해 제한 받기 때문이다. 무엇을 본다는 것은 동시에 무엇을 보지 않는다는 것을 의미한다. 지식의 가치에 대한 정의는 '객관적인' 상황뿐만 아니라 가치 판단에 의한 선택의 문제를 함의하며, 선택의 원리에는 권력관계가 작동하기 때문이다.

정희진, 《아주 친밀한 폭력》, 2016, 교양인, 71쪽

평등한 인권 개념이 가부장제와 충돌할 때 ━━━

《아주 친밀한 폭력》은 아내폭력, 즉 남편이 아내에게 가하는 폭력을 분석한 책으로 '여성주의와 가정 폭력'이란 부제를 달고 있다. 저자가 2000년에 〈'아내폭력' 경험의 성별적 해석에 대한 여성학적 연구, 가족 내 성역할 규범을 중심으로〉라는 제목으로 발간한 논문을 다듬어 출판했다.

저자는 강간, 성적 학대, 의처증, 남편의 경제적 통제 혹은 무능력, 집요한 협박, 알코올 남용, 시집 갈등, 유기적 성격의 외도, 폭언, 잠을 재우지 않음 등 언어적, 심리적, 육체적, 경제적, 성적, 정서적 폭력을 '구타'나 '매'라는 용어로 다 담을 수 없기 때문에 여성의 경험에 근거해 폭력의 개념을 폭넓게 정의한다는 의미에서 '아내폭력'이라는 용어를 사용한다고 밝힌다.

예를 들어 전 국민의 1퍼센트 정도가 절도 피해를 입었다면 그 누구도 이 문제를 개인적인 문제, 절도범의 스트레스와 분노로 인한 문제로 보지 않을 것이다. 그것은 당연히 사회 구조적인 문제로 분석되고 국가 사회적 대책이 세워질 것

이다.

앞의 책, 25쪽

이 책이 논문으로 처음 나왔던 2000년에 인용한 이전 통계 자료에서 아내폭력 경험비율은 과반을 넘어섰다. 책이 출간되며 추가된 자료에 따르면 2000년 이후 진행된 조사에서 아내폭력을 경험한 비율은 조사마다 차이가 있지만 기본적으로 30~40퍼센트 대에 이른다. 이렇게 심각한 수준인데도 왜 아내폭력은 사회문제로 다뤄지지 않을까?

사람들은 대체로 폭력은 나쁘다는 사고를 가지고 있으나 예외인 경우가 있다. 우선 전쟁이 그 첫 번째다. 대부분 전쟁을 하지 않으면 좋겠지만 어쩔 수 없는 전쟁도 있기 마련이라고 생각한다. 이 경우 실상 전쟁을 하지 않지만 전쟁 준비로부터 파생되는 여러 유형의 폭력, 가령 한국으로 치면 군대 내에서 벌어지는 다양한 형태의 폭력은 어쩔 수 없다고 생각하는 경향이 강하다. 그다음으로 국가폭력, 즉 공권력이 있다.

이 둘은 국가 단위에서 허용되는 공적 성격의 폭력이다. 그런데 아내폭력은 이 둘과 차원이 다르다. 개인이 개인에게 행사하는 폭력이다. 인간에게 행사하는 폭력이라는 점에서 아내폭력은 기본적으로 반인권적이다. 그런데도 유난히 한국사회는 아내폭력에 관대하다. 가해자에게 관대하기 때문에 쉽사리 폭력이 줄어들지 않는다. 그 이유가 뭘까?

《아주 친밀한 폭력》은 아내폭력 가해자 5명과 피해자 45명을 인터뷰한 내용에 기초해서 아내폭력이 빈번하게 벌어지는 구조적 맥락을 분

수학의 눈으로 보면 다른 세상이 열린다

석한다. 아내폭력을 정당화하는 가부장제와 가족 내 성역할에 대한 인식이 바뀌지 않는 한 아내폭력도 근본적으로 해결하기 어렵다는 게 저자의 생각이다.

가정 내 기강을 다스리고 아내를 훈육하는 것은 가부장(남편)의 역할이라거나, 또 남편이 중요한 의사결정을 주도하다 보면 어쩔 수 없이 부작용이 발생할 수 있다거나, 심지어 여성이 맞을 짓을 했기 때문에 맞는 것이라는 식의 인식은 모두 '가부장=남편=아버지'가 권력의 정점에서 가족을 통솔하는 형태인 가부장제에 기반을 둔 편견이다.

앞에서 언급한 '남성이 여성보다 수학을 잘한다.'라는 문장은 다양하게 변형할 수 있는데 '남성은 이성적인 데 반해 여성은 감성(정)적이다.'라거나 '남성은 논리적이고 합리적인 반면 여성은 비논리적이고 비합리적이다.'라는 내용과 맥이 통한다. 그래서 다음과 같은 등식이 수천 년간 상식으로 지속됐다.

남성=이성적=논리적=합리적=수학/과학 잘함

여성=감성적=비논리적=비합리적=수학/과학 못함

이런 인식은 역사적으로 그 뿌리가 대단히 깊다. 가령 플라톤에 비해 상대적으로 민주주의를 중요하게 생각했던 아리스토텔레스조차 《정치학》에서 "노예에게는 생각하는 요소가 결여돼 있다. 여성은 그 요소는 갖고 있으나 권능이 결여돼 있다. 아이는 요소를 갖고 있으나 불완전하다."라고 했다.

이 책에서 인용했던 거의 대부분의 학자는 남성이고, 그들 역시 이와 비슷한 인식을 공유하고 있었다. 인류의 절반이 나머지 절반에 비해 우월하다는 생각은 별다른 검증 없이 지배적인 사고방식으로 통용됐다. 물리적, 육체적으로도 강한 남성이 이성적이고 합리적이기까지 하니 국가든, 사회든, 가족이든 어떤 집단에서도 남성이 우월적 지위를 갖는 것은 당연하게 받아들여졌다.

> 폭력 남편들은 내가 여성이기 때문에 "무조건 여자 편만 들고 객관성이 없다."
> 고 여러 차례 항의했다. 그들은 자신들이 사건(폭력) 현장에 있었기 때문에 '객관
> 적'이지만, 여성인 나의 판단은 주관적이기 때문에 '객관성'과 대립한다고 본다.
> 앞의 책, 70쪽

> 모든 인간은 평등하다는 근대적 인권 개념은 가부장제와 양립할 수 없는 것이었
> 고 공/사 영역 분리는 여성을 개인의 위치로 승격시키는 것과 가부장제 사이의
> 모순을 해결하는 데 유용한 전략이었다. 가족을 사회로부터 제외해서 사적私的
> 인 영역으로 만듦으로써, 남성 가장은 사회에서 가족의 이해를 대표하게 됐다.
> 앞의 책, 93쪽

근대에 와서 모든 인간은 평등하다는 인권 개념이 가부장제와 충돌을 일으키자 새로운 논리가 등장한다. 주도적 위치에 있는 남성이 '바깥 일=공적인 일=큰일'을 담당하고, 여성이 '집안일=사적인 일=소소한 일'을 담당하는 데 적합하다는 것이다.

이에 따라 물리적으로나 이성적으로나 우월적 지위에 있는 남성이 공적인 일을 담당하는 게 합리적이라는 논리는 지속되고, 더불어 가족

수학의 눈으로 보면 다른 세상이 열린다

내에서 벌어지는 문제는 사적이고 사소한 영역의 일이라는 사고가 견고해진다.

남의 집안일에 간섭하면 안 된다거나, 부부싸움은 사적으로 해결해야 할 문제이고, 문제를 해결하려면 여성이 나서서 이혼을 하거나 경찰에 신고하면 된다는 식으로, 아내폭력을 사소한 문제 혹은 사회적 문제가 아닌 사적인 문제로 치부하는 경향은 지금도 지속되고 있다.

여성의 공간지각 능력이
발달하지 못하는 사회적 요인

특히 오랫동안 폭력을 당한 여성들은 공간지각 능력을 상실하게 된다(수학자들에 의하면 수학에서 성별 능력 차이가 가장 현격히 발견되는 분야는 공간지각력인데 이는 여성이 수동적으로 사회화되었기 때문이라는 것이다). 인간이 존재한다 혹은 살아 있다는 근거는, 곧 인간의 몸이 공간의 어느 구체적인 장소에 실재한다는 것을 의미한다. 공간이 그것을 인식하는 주체로부터 '객관적'이지 않다는 사실은, 공간이 인식 주체자의 몸을 기준으로 삼아서만 특정하게 인식된다는 것이다. 따라서 몸이 없다면 공간도 인식되지 않는다. 폭력으로 인해 몸의 주체성을 상실한 여성은 자신의 육체가 머물고 있는 공간과 자기와의 관계성(공간에서 자기 몸의 위치성)을 파악하기 힘들다.

앞의 책, 223쪽

공간지각 능력은 개인이 세계와 만나는 방식 가운데 능동성과 관련이 있는 것으로 보인다.[*] 이는 학원 현장에서 경험한 것과 비슷하다.

----

[*] 권오남/박경미, 〈수학성취도에 있어서의 성별 차이에 대한 고찰〉, 《한국여성학 11집》, 1995.

수학의 눈으로 보면 다른 세상이 열린다

경향적으로 여학생은 경우의 수, 수열, 확률, 통계와 같은 단원은 편하게 받아들이는 반면 공간도형, 벡터와 같은 단원에 대해서는 상대적으로 공포감이 강하다. 도대체 그 이유가 뭘까? 이야기는 다시 처음에 다뤘던 '남학생이 전유한 운동장 vs 운동을 좋아하지 않는 여학생'이라는 상반된 논리로 되돌아간다.

앞서 언급한 논문에서는 성별에 따라 공간지각 능력에 차이가 나는 이유를 다음 다섯 가지 정도로 분류한다.

1. 뇌 구조에 따른 생물학적 설명
2. 사회학적 요인
3. 교재에 의한 설명
4. 학습장면에 의한 설명
5. 시험유형에 의한 설명

거칠게 분류하자면 1번만 선천적(생물학적) 요인이고 2~5번은 모두 후천적인, 즉 사회적인 요인이다. 《아주 친절한 폭력》은 이 가운데 사회적 요인을 강조한다. 여성이 공간을 주도하는 경험이 적기 때문에 공간에 대해 수동적인 자세를 취하게 되고, 공간지각력 역시 상대적으로 덜 발달한다는 것이다.

객관적인 설명에도 사회적 지문이 묻어 있다 ━━━

여성들은 어릴 때부터 상대적으로 남성보다 조신하게 행동해야 하며, 육체를 통제하라는 요구를 훨씬 더 많이 받는다. 심지어 나는 남학생들이 어려서부터 게임을 많이 해서 공간지각 능력이 뛰어난 건 아닐까 생각해본 적이 있다. 요즘 게임은 기본적으로 3차원을 구현하고 있으니 말이다. 유치하지만 사회적 요인이란 이런 복잡한 경험의 복합적 산물일지도 모른다. 따라서 이를 명확하게 설명하는 일은 쉽지 않은 문제다.

버지니아 울프가 여성에게는 500파운드 이상의 돈과 자기만의 방이 필요하다고 말했던 게 불과 100여 년 전이다. 1929년 당시 영국에서 500파운드 이상을 벌 수 있는 여성은 2000명 정도에 불과했다. 그때까지 여성은 돈이든 공간이든 소유의 주체가 될 수 없었다. 정치, 경제, 사회, 문화 모든 영역에서 주체가 될 수 없었다. 서구 사회를 기준으로 보더라도 여성에게 투표권이 주어지기 시작한 게 100년 남짓이다.

여성이 전문직에 진출하기 시작한 것도, 수학이나 과학 분야에서 남성이 우월하다는 주장이 나오는 것도 이때쯤이다. 그 전에는 여성이 직장 자체를 갖지 못했으니 이런 주장을 할 필요조차 없었다. 이와 같은 편견이 사회구조적 문제가 아니냐는 지적이 시작된 건 고작 몇 십 년 전이고, 수학적으로 충분하다고 믿었던 설명에 사회문화적 권력이 작동한 것일 수 있다고 사고한 건 그보다 더 최근의 일이다.

통계자료로 완벽하게 검증했다고 믿었던 사실이 뒤바뀐 경우는 수도 없이 많다. 그런데도 사람들은 손쉽게 사회적 통념을 증명했다고 말한다. 통계자료는 경향성을 보여줄 뿐이다. 대부분의 경우 현상을 설명해줄 수는 있어도 그 자체로 수학이나 과학적인 설명이 될 수는 없다. 현상이란 조건과 상황에 따라 얼마든지 바뀔 수 있기 때문이다.

수학의 눈으로 보면 다른 세상이 열린다

수학은 기본적으로 흔들리지 않는 절대적 명제, 즉 공리에 입각해서 논리를 전개한다. 하지만 사회현상에는 절대적 명제라는 게 존재할 수 없다. 수학적으로 근거가 충분하다고 믿었던 사실조차 시대가 지나면 뒤집어질 수 있다.

측정 불가능한 수많은 변수로 이뤄진 인간 사회에 영원히 적용 가능한 법칙이나 모델 같은 것은 없다. 객관을 빙자한 설명에도 이미 사회적 지문이 묻어 있다. 어떤 질문을 던지느냐, 그 자체가 중요한 질문이다. 우리는 어떤 질문을 던져야 하는가? 혹은 어떤 질문을 던지고 싶은가? 이 물음에 대한 답은 수학이 내려줄 수 없다.

생각노트

- 이 글을 읽은 후에 남학생이 전유한 운동장이라는 주장에 대해 각자 의견을 제시해보자.
- 남성이 여성보다 수학 실력이 우수하다는 주장에 대해 어떻게 생각하는가?
- 남성이 여성보다 공간지각 능력이 뛰어나다는 주장에 대해 어떻게 생각하는가?
- 통계자료로 드러난 현상이 시간이 지나면서 뒤집힌 사례가 있는지 찾아보자.

교과과정 연계
중학교 수학 1: 자료의 정리와 해석
중학교 수학 3: 대푯값과 산포도

수학의 눈으로 보면 다른 세상이 열린다

초판 1쇄 발행 2019년 9월 20일
초판 8쇄 발행 2023년 9월 11일

지은이 나동혁

펴낸이 박선경
기획/편집 • 이유나, 지혜빈, 김선우
마케팅 • 박언경, 황예린
표지 디자인 • 김경년
제작 • 디자인원(031-941-0991)

펴낸곳 • 도서출판 지상의 책
출판등록 • 2016년 5월 18일 제2016-000085호
주소 • 경기도 고양시 일산동구 호수로 358-39 (백석동, 동문타워 I) 808호
전화 • (031)967-5596
팩스 • (031)967-5597
블로그 • blog.naver.com/jisangbooks
이메일 • jisangbooks@naver.com
페이스북 • www.facebook.com/jisangbooks

ISBN 979-11-961786-8-0/03410
값 14,800원

이 도서의 국립중앙도서관 출판예정도서목록(CIP)은 서지정보유통지원시스템 홈페이지
(http://seoji.nl.go.kr)와 국가자료공동목록시스템(http://www.nl.go.kr/kolisnet)에서 이용
하실 수 있습니다.(CIP제어번호: CIP2019034536)